SHENGTAI WENMING YU
ZHONGGUO SHENGTAI ZHILI MOSHI
CHUANGXIN

生态文明与中国生态治理模式创新

洪富艳 / 著

吉林出版集团股份有限公司

图书在版编目（CIP）数据

生态文明与中国生态治理模式创新／洪富艳著. --

长春：吉林出版集团股份有限公司，2015.12（2025.4重印）

ISBN 978 - 7 - 5534 - 9823 - 2

Ⅰ. ①生… Ⅱ. ①洪… Ⅲ. ①生态环境－环境治理－

研究－中国 Ⅳ. ①X321.2

中国版本图书馆 CIP 数据核字(2016)第 006744 号

生态文明与中国生态治理模式创新

SHENGTAI WENMING YU ZHONGGUO SHENGTAI ZHILI MOSHI CHUANGXIN

著　者：洪富艳

责任编辑：杨晓天　张兆金

封面设计：韩枫工作室

出　版：吉林出版集团股份有限公司

发　行：吉林出版集团社科图书有限公司

电　话：0431 - 86012746

印　刷：三河市佳星印装有限公司

开　本：710mm×1000mm　　1/16

字　数：222 千字

印　张：12.75

版　次：2016 年 4 月第 1 版

印　次：2025 年 4 月第 3 次印刷

书　号：ISBN 978 - 7 - 5534 - 9823 - 2

定　价：56.00 元

目　录

导　论

第一节　问题的提出

　　稳定而适宜的生态环境是人类生存和社会经济发展的根本保障，随着生态环境危机的日益严重，恢复生态系统服务功能，维护区域生态环境安全，协调生态保护与经济社会发展之间的关系，谋求人与自然和谐相处，实现可持续发展，已经在世界范围内达成高度共识。自中国共产党第十七次全国代表大会报告中首次明确提出建设生态文明社会以来，实现人与自然和谐相处，建设环境友好型的生态文明社会就成为当代中国政府和人民的重要任务。生态文明理念是在全面反思我国传统经济增长方式和发展模式的基础上提出来的，是对工业文明的超越与拓展，是人类文明形态的升华与飞跃。

一、中国生态环境危机的严峻性

　　改革开放以来，中国经济社会迅猛发展，经济建设取得了举世瞩目的成就。伴随着经济增长、城市化和工业化的不断推进，生态环境持续恶化，生态危机日益严重，这势必对政府的生态服务职能提出了新的挑战和要求。20世纪90年代以来，党中央、国务院和各级地方政府陆续启动了退耕还林、天然林保护、退牧还草、水土保持、防治荒漠化、黄河淮河流域治理等一系列重大的生态工程建设与治理项目，取得了一定的成效。但随着工业化进程的加快和城市化速度的不断提升，资源利用、能源消耗和废弃物的排放也都在同步增长。与此相联系，生态环境危机也引发了严重的社会危机，各类环境纠纷日益增多，因环境问题而引发的群体性突发事件也不断增加。2008年，突如其来的汶川大地震，对中国政府生态治理能力和社会管理能力构成严峻的挑战。作为一个发展中的人口大国，中国要在21世纪中叶基本实现现代化，就必须继续保持强劲的经济增长势头和较快的经济增长速度，这需要良好的资源和环境支持。然而，一直以来不适当的经济发展模式加之庞大的人口基数给生态环境带来了无限的压力和严重的破坏，生态环境状况恶化、生态系统失衡的严峻程度，已经临近生态系统自我调节和自我恢复的极限，中国面临着更为严重的社会经济发展与生态保护的矛盾。加强生态环境治理，缓解生态环境危机已经成为中国政府和人民必须要面对和迫切需要解决的公共问题。

二、生态文明社会建设的艰巨性

目前，对于生态利益的诉求已经成为社会公众的主要利益取向，政府和公共管理部门责无旁贷地要承担起生态利益供给的重要职责与使命。加强生态文明建设对于建设小康社会实现社会的进步与发展意义重大，生态文明的提出，从根本上改变了人们对于自然的价值观念——力求人与自然关系的平衡而不是以人为世界的中心，自然被赋予道德地位，全新的自然观的树立有助于生态环境的保护，减少和抑制人类对于自然的破坏。

环顾中国政府生态环境治理的现实状况，各级政府在生态环境治理中投入了巨大的人力、物力和财力，取得了一定的成效，但是生态环境持续恶化、生态系统服务功能衰退的趋势没有根本性的扭转。中国人口数量众多，资源消耗巨大，生态治理形势严峻。提出加强生态文明建设是因时而生，因势而出。尽管，在政府管制型治理模式下，生态治理存在诸多问题，但是不能否认的是生态环境保护与治理是生态文明社会的公共利益追求，加强政府生态治理将成为重要课题。生态文明推动公民环境保护意识的提高，公民社会组织的成熟也必将为生态功能区的治理提供机遇。"但严峻的现实是庞大的人口总量，使得中国按人均资源拥有量来算是一个资源穷国，而按污染总量来算就是一个污染大国。我国除了现在不具备（将来也不会具备）发达国家工业化进程的资源储备和环境容量外，特殊的社会人文条件（譬如比较松散的社会结构和根深蒂固的小农意识）还会使许多在别国行之有效的环保措施在我们这里未必奏效，或者事倍功半。"[①] 中国政府管制型的治理模式在取得治理成效的同时，某种意义上也成为生态文明时代制约和影响生态环境治理成效的重要根源。实现政府治理方式的转变，创建和实施新的政府生态治理模式，是防止生态资源浪费、生态环境恶化与建设生态文明社会的当务之急。

---

① 肖巍，钱箭星.环境治理的两个维度 [J].上海社会科学院学术季刊，2001（4）：128.

第二节　生态治理模式相关研究综述

一、国外学者的相关研究

生态环境本质上属于一种公共资源，对于公共资源和公共事务的关注由来已久。早在 2000 多年前，亚里士多德就曾经指出："凡是属于最多数人的公共事物常常是最少受人照顾的事物，人们关怀着自己的所有，而忽视公共的事物。对于公共的一切，他至多只留心到其中对他个人多少有些相关的事物。"① 1965 年，著名学者奥尔森在《集体行动的逻辑》一书中提出了集体行动的困境，书中指出："除非一个群体中人数相当少，或者除非存在着强制或其他某种特别手段，促使个人为他们的共同利益行动，否则，理性的、寻求自身利益的个人将不会为实现他们共同的或群体的利益而采取行动。"② 1968 年，加勒特·哈丁在《科学》杂志上发表《公地的悲剧》一文以来，"公地悲剧"这个表述已经成了公共资源使用的固有困境。"公地悲剧"主要用来描述资源被过度使用的情境，"它意味着任何时候只要许多个人共同使用一种稀缺资源，便会发生环境的退化。"哈丁认为，每个个体都从自身的利益出发，寻求最大限度地使用公共资源，最终导致公共资源会遭到破坏；而这种资源损耗所带来的代价通常是由所有人承担，所有人的利益都会受到破坏，实行有效的公共管理措施是解决这种困境最好的办法。正如埃莉诺·奥斯特罗姆所言："在一个信奉公地自由使用的社会里，每个人追求他自己的最佳利益，毁灭是所有的人趋之若鹜的目的地。"③

结合公共资源面临的集体行动的困境，国外学者对于公共资源的治理形成了国家理论和企业理论以及公共治理理论，对于生态环境治理模式的研究则主要表现在三个方面：一是以庇古（Pigou）为代表，坚持政府主导的强制性治

---

① ［古希腊］亚里士多德. 吴寿彭译. 政治学［M］. 北京：商务印书馆，1983：48.
② ［美］埃莉诺·奥斯特罗姆. 余逊达等译. 公共事务的治理之道：集体行动制度的演进［M］. 上海：上海三联书店，2000：17.
③ ［美］埃莉诺·奥斯特罗姆. 余逊达等译. 公共事务的治理之道：集体行动制度的演进［M］. 上海：上海三联书店，2000：11.

理模式。庇古认为，生产的负外部性是生态环境恶化的重要根源，然而要消除这种负外部性仅仅依靠市场本身是无法实现的，这就要求政府采取强制征税的办法将企业生产的外部成本内部化，这就是通常意义上的"庇古税"；二是以科斯为代表，主张依靠市场机制治理的模式。科斯的产权理论认为，环境资源的产权界定不清晰是生态环境恶化的根源，政府只需要清晰界定产权，其余的事可以由市场通过产权交易来解决；三是基于公民社会的公共治理。公共治理倡导治理主体多中心、自组织的治理，用以修正和弥补政府主导和市场主导模式的单一主体的不足。

所谓政府主导治理模式，是指政府充当公共利益的主要提供者，依靠政府强制手段实现公共利益的供给。这种模式选择的前提是因为公共利益具有非排他性、非营利性的特征，由于理性人的自利性冲突就会出现囚徒困境；通过私有化、市场机制调节难免出现"搭便车"（Hitchhike）行为。奥普尔斯曾断言："由于存在着公地悲剧，环境问题无法通过合作解决……所以即使避免了公地悲剧，它也只有在悲剧性地以强有力的中央集权——'利维坦'作为唯一手段时才能做到。"[①] 为了避免这种悲剧，确保公共利益的永续实现，政府理所当然地要约束经济人的自利性冲动，成为公共利益的主要供给者。对于外部性的研究最早源于马歇尔（Marshall，1890），其在《经济学原理》一书中提出的外部效应理论，为管制理论中的市场失灵研究奠定了基础。在解决外部性方面，1932 年，英国福利经济学家庇古在《福利经济学》一书中，从经济学角度对英国的环境污染问题进行了研究。他提出通过税收来解决外部性问题，创立了著名的庇古税理论。1943 年，埃利斯（Ellis）和费尔纳（Fellner）将污染等问题与"外部不经济"联系起来，提出"外部不经济"与产权有关。1965年，戴尔斯（J. Dales）在其《污染、产权、价格》一书中，就应用科斯的产权理论从产权层面讨论了环境资源（如水资源）产权的设置与生态环境破坏的关系问题，提出了排污权交易的设想。在他看来，外部性问题导致市场失灵，造成环境污染，对此，单独依靠政府干预或者单独依靠市场机制都难以奏效，只有将政府干预和市场机制相结合才能有效地解决外部性问题。

坚持市场治理机制的人对政府主导治理持否定意见，他们认为，公共利益与个人利益具有统一性，公共利益是个人利益的附从产品，如果个人利益实现

---

① Ophuls W. Leviathan or Oblivion. In Toward a Steady State Economy, ed. H E Daly. San Francisco：Freeman，1973.

了，公共利益就会随之实现。市场机制使个人利益和公共利益有效兼容，共同实现。亚当·斯密用"看不见的手"来精辟地比喻这种模式的作用。他说："个人在这一过程以及其他过程中，都是由一只看不见的手引导着并最终增进了社会的利益，虽然这最终的结果并非出自其个人的意愿。不过，个人无意识的行为并不是不利于社会的。相反，通过追逐自身的利益，他对社会利益的不断的促进作用甚至想要这么做时更有效。"[①] 市场模式支持者普遍认为，将市场机制引入到公共管理中，打破传统的由国家或政府作为公共利益的唯一供给者的局面，通过对个人利益追逐和实现的过程达成公共利益实现的目标，对于公共利益的实现更有裨益。哈罗德·德姆塞茨在他的著名论文《公共物品的私人供给》中认为，私人供给者同样可以有效率地生产和提供公共物品。他在这篇论文中，提到一个很有意思的公共物品的供给方法：联合提供（Joint Supply）。针对哈丁的公共事物悲剧，詹姆斯·布坎南提出了俱乐部理论，布坎南利用俱乐部产权制度来解决由于使用者之间的交易费用所带来的拥挤现象，这类公共物品因此被称为"俱乐部物品"[②]。科斯（Coarse）在 1960 年发表的论文《社会成本问题》中提出，只要能够明确资源的产权，那么就可以通过与外部性相关的各方之间进行自发的交易而达到一种有效率的产出。这对以后学者分析环境问题提供了很多理论指导。在生态环境治理实践中，产权途径也得到了一定的应用。科斯提出的依靠产权解决外部性的办法，还是哈罗德·德姆塞茨的公共物品的联合供给的办法，抑或是布坎南的俱乐部供给方式，都突出在公共事务供给中产权和效率之间的联系。然而，在生态环境治理实践中，很难通过严格的产权界定与安排来解决生态环境的外部不经济问题。

　　对公共利益的实现模式的探讨，在行政管理行为范式转变中不断修正，公共治理日益被视为公共利益实现的最佳范式，也是生态环境有效治理的根本选择。寻其根源，在于公共治理是对政府失灵和市场失灵反思的基础上创建的新型治理模式，公共治理依靠合作、自律、多元参与的治理机制使公共物品的供给和公共服务领域更有行动效率。生态环境治理中政府与市场失灵的存在，产生对多中心环境治理模式的需求。合作型环境治理是一个较好的解决方案，它为担心损失的投资者与地方民众之间提供了一个双赢的方案。而且，它允许地方民众就新技术和投资项目参与协商和讨论，这有助于更加成功地实现技术转

---

① ［英］亚当·斯密. 郭大力，王亚南译. 国富论［M］. 北京：商务印书馆，1972.
② Buchanan, JamesM. an economics theory of club［J］. Economica, 1965，32：1～14.

移。合作型环保治理可以保证地方自行决定他们的环保目标，在已有技术基础上认识问题并加以沟通，而不仅仅是对现有技术加以实施。① 至此，公共治理逐渐成为摆脱政府和市场治理模式失灵阴霾的有力武器，在西方发达国家公共物品供给、生态环境治理等领域广泛应用，并且在全球范围内产生了深远的影响，日益成为公共事务治理模式选择的第三条道路。

利益相关者治理模式兴起和盛行于公司治理领域。关于公司治理目标、制度安排等问题研究过程中，金融市场理论和市场短视理论颇具代表性，很大程度上影响着公司治理模式的选择，而利益相关者理论是在对两种理论完善基础上发展起来的。利益相关者共同治理模式也成为修正股东治理、员工治理模式缺陷的最佳选择。金融市场理论是美国的主流观点，认为股东拥有公司，公司应按照股东的利益实施管理。市场短视理论同样奉行股东至上理念，着眼于公司的短期利益。哈佛大学商学院的哈耶斯（Hayes）和阿伯纳思（Abras）早在 1980 年就指出，美国公司控制和管理方式中的制度安排将削弱整个美国的竞争地位，美国公司管理正遭受"竞争性短视"的损害。② 员工治理的观念在一定程度上修正了股东治理的弊端。员工治理观是"股东主权至上"的对立，该治理观本着"劳动雇用资本"的思路，主张劳动者作为一个集体应该参与公司治理，享有企业的剩余控制权和剩余索取权。其代表人物 Vanek（1970）认为，"员工因拥有企业的所有权而具有自我管理的真正动力，这种动力来源于员工受到尊重、他们的生活质量得到提高和努力工作的价值更易得到认可并体现出来这一事实。而在资本控制型企业中，情况恰恰相反，员工不受尊重，是被监督的对象，生活质量较低，因此，这种劳动雇佣资本的制度安排比资本雇佣劳动的企业更具有效率。"③ 由于缺乏经济学和法理学的理论依据，员工治理观并没有被广泛应用。伴随现代公司理论的不断发展和现代市场经济体制的完善，利益相关者治理模式日益成为实现公司有效治理和长期利益实现的重要选择。在 20 世纪 90 年代中后期，利益相关者理论开始迅速扩展到环境科学、水资源、生态、地理以及旅游资源管理、公共管理、社会治理等交叉学科的应用领域。在交叉领域的研究，特别是关于可持续发展、生态环境治理的研究十分盛行，不亚于利益相关者最初在公司治理中的热烈程度。由于生态环境危机和可持续发展理念的深入，对自然资源的开发利用中的利益相关者管理问题引起

---

① ［英］蒂姆·佛西. 谢蕾译. 合作型环境治理：一种新模式［J］. 国家行政学院学报，2004（3）：93.
② 柴中达. 政府治理与公司治理相关性研究［M］. 天津：天津人民出版社，2006：31.
③ 李维安，王世权. 利益相关者治理理论研究脉络及其进展探析［J］. 外国经济与管理，2007（4）：13.

学者的关注。

二、国内学者的相关研究

生态环境治理模式研究中，中国学者逐渐认识到政府主导型治理模式存在诸多弊端，倡导生态环境治理模式转型和实现中国生态环境公共治理的理论探讨方兴未艾。夏光（2002）认为，当前我国已出现"环境政策转型"的需求，因为根据市场经济发展的逻辑，在经济和社会发展的各个领域（包括环境保护领域），政府、社会、企业等各方力量将不断调整各自的定位，形成比较协调的结构，共同为实现发展目标作出贡献。在环境政策中，长期以来形成的几乎由政府包办一切环境保护事务的格局，已逐渐暴露出其局限性，应该进行结构性调整，以促使社会力量和企业进入环境保护领域，这种调整过程就是环境政策转型。① 改变政府的治理模式，发展民间组织，借助第三组织的力量来推进环境和经济的和谐发展。按照奥斯特罗姆提出的公共事物治理之道，要改变只有政府的"单中心"为"多中心"治理结构，充分发挥民间组织治理公共事物的力量。② 任志宏、赵细康（2006）系统阐述中国生态环境治理模式选择的问题；李世源、刘伟（2007）提出生态环境问题已经成为中国构建社会主义和谐社会的瓶颈因素。从政治学的视角分析，我国治理环境生态问题的困境在于：公民在环境保护问题上存在高关注度与低参与度的极大反差，环境保护事业缺乏深厚的群众基础；环境 NGO 发展不充分，尚未成为一种治理生态环境问题的公认力量；生态环境保护管理体制、机制不健全，为生态环境问题的滋生蔓延留下了空间；生态环境保护法律法规建设相对滞后，不能有效遏制生态环境进一步恶化的势头。③ 李万新（2008）环境治理指地方、国家、地区和全球的政府、公民社会组织、跨国机构通过正式或者非正式的制度去应对人类面临的环境和可持续发展的挑战。④

一些学者对于中国生态环境公共治理进行了具体的探索，如多中心合作型环境治理、参与回应型治理模式等理论模型的构建逐渐显现。肖建华、邓集文（2007）认为，理论和实践已证明：私有化—市场、中央集权—利维坦作为环

① 夏光.论环境治道变革 [J].中国人口·资源与环境，2002（1）：21.
② 林小龙."单中心"公共事物治理之道的现代困境——广东省生态公益林补偿制度案例分析 [J].法制与社会，2007（10）：773.
③ 李世源，刘伟.对我国生态环境问题治理困境的政治学思考 [J].天府新论 2007（6）：12.
④ 李万新.中国的环境监管与治理——理念、承诺、能力和赋权 [J].公共行政评论，2008（5）：102.

境问题的解决方案均已遭遇失败，从而产生对多中心环境治理的制度需求。[①]目前，建构环境公共事务的多中心合作治理模式应简化政府环境管制、构筑公众参与的基础、推行环境管理的地方化及区域合作、建立政府与企业的合作伙伴关系。环境公共事务的多中心合作治理模式的实质是通过建立一种在微观领域对政府、市场的作用进行补充或替代的制度形态，使大量的社会力量参与环境治理。因此，政府应主动寻求企业、非政府组织、公民的支持，与社会各界建立合作型的伙伴关系，建立容纳多主体的政策制定和执行框架，形成共同分担环境责任的机制，结成治理环境公共事务的公共行动网络。[②]王库（2008）认为，政府是治理活动的领导者和具体组织人，起着主导作用。这种新型的治理体系与传统治理体系不同，改变了过去只关注政府或企业在治理中的作用，忽视公众参与生态治理的不足。治理的主体既可以是政府，也可以是企业，还可以是三个部门的联合体；既可以是公共机构，也可以是私人机构。所以，治理是政治国家与公民社会的合作、政府与非政府的合作、公共机构与私人机构的合作。[③]孟燕华（2008）阐述了中国生态环境治理的公众参与问题，在制度设计上，构建了"参与回应型"政府治理模式。

20 世纪 90 年代以来，中国学者也开始在公司治理中引入利益相关者理论和分析方法，关于利益相关者分析模型的理论研究逐渐增多，其中，比较有代表性的杨瑞龙、周业安（2000）较为全面地阐述了利益相关者产权理论；李维安（2001）从公司治理机制的角度进行研究，他构筑了一个"经济型治理模型"。李心合（2001）从合作性和威胁性两个维度把利益相关者分为支持型利益相关者、边缘型利益相关者、不支持型利益相关者和混合型利益相关者等四类。李心合认为，支持型利益相关者的特点是合作性强而威胁性低；边缘型利益相关者则具有威胁性和合作性都较低的特点；不支持型的利益相关者合作的可能性较低而威胁的可能性较高；混合型的利益相关者的特点是潜在的合作性和威胁性都较高。中国学者对于利益相关者的界定方法也进行了拓展研究，陈宏辉、贾生华（2004）结合米切尔评分法从利益相关者的主动性、重要性和紧急性角度界定企业的利益相关者，认为股东、管理者、员工界定属于核心利益相关者，此外还包括蛰伏利益相关者和潜在利益相关者。我国企业的 10 种利

益相关者在其主动性、重要性和紧急性三个维度上是存在一定差异的，从统计结果来看，股东、管理人员和员工是我国企业的核心利益相关者，供应商、消费者、债权人、分销商和政府是企业中的蛰伏利益相关者，而特殊利益团体和社区则是企业的边缘利益相关者。[①]

利益相关者理论在中国的研究主要体现在以下 17 个方面[②]：界定方面的研究、分类方面的研究、排序方面的研究、绩效方面的研究、公司治理方面的研究、绩效评价方面的研究、利益相关者管理方面的研究、战略管理方面的研究、伦理管理方面的研究、价值链方面的研究、生产管理方面的研究、财务管理方面的研究、市场营销方面的研究、职业经理人方面的研究、理论体系方面的研究、未来研究方向方面的研究、利益要求及其实现方式方面的研究。

21 世纪以来，随着对利益相关者理论认识的不断深化，及其在中国公司治理理论与实践的探索与成功应用，在政府治理和公共治理领域对于利益相关者的研究也逐步增多，利益相关者理论为我们提供公共事物治理的新视角和理论依托。陈国权、李志伟（2005）从当前政府绩效评估实践的两个基础性问题入手，引入利益相关者理论对政府绩效进行了全面的界定，同时构设出完整的绩效评估主体范围，为绩效评估的理论化探讨提供了新的视角。[③] 在对于区域性公共资源治理中，基于利益相关者理论的研究初露端倪，特别是关于风景名胜区、旅游景区的治理中，引入利益相关者模式成为理论热点。张维、郭鲁芳（2006）将旅游景区的利益相关者定义为"能够影响旅游景区目标的实现，或者被旅游景区目标影响的个人或群体。"[④] 旅游景区管理模式的创新原则包括保护旅游景区所有者利益原则、保护旅游景区相关利益主体权利原则、信息公开化原则、旅游景区可持续发展原则及社区参与原则。选择在旅游景区管理中实施利益相关者共同治理的经济型治理模式，有利于旅游景区内部制衡和约束、有利于对各利益相关者的利益形成有效保护，也有利于旅游区社会责任的实现。[⑤]

三、对国内外相关研究的简要评价

对于生态环境的公共治理问题，国外学者从公共物品属性和公共治理模式

① 陈宏辉，贾生华．企业利益相关者三维分类的实证分析［J］．经济研究，2004，（04）：89.
② 刘利，干胜道．利益相关者理论在我国的研究进展［J］．云南财经大学学报（社会科学版），2009（2）：120.
③ 陈国权，李志伟．从利益相关者的视角看政府绩效内涵与评估主体选择［J］．理论与改革，2005（3）：66.
④ 张维，郭鲁芳．旅游景区门票价格调整的经济学分析．［J］．桂林旅游高等专科学校学报，2006（1）：44～47.
⑤ 阎友兵，肖瑶．旅游景区利益相关者共同治理的经济型治理模式研究［J］．社会科学家，2007（3）：108.

等方面进行了精辟的论述；在中国，对于环境治理模式选择虽有涉足，但是系统深入的研究还比较欠缺。关于生态环境治理模式的选择，多数学者理所当然地将公共治理视为中国当前生态环境有效治理的必然选择。这种理论论断有较强的移植色彩，脱离或不符合中国现实情况的简单套用，无益于中国生态环境的综合治理，甚至会招致公共治理在中国失灵的风险。利益相关者理论从系统的角度看待对于公司治理有影响的相关因素，并在公司决策和利益权衡时予以考量，取得了很好的应用效果。利益相关者理论兼顾各方面的利益，搭建利益相关者共同治理的机制，将多元利益相关者的利益要求纳入组织的目标，并权衡当前利益和兼顾长远利益，取得全面收益的最大化。利益相关者因其对组织有重要影响的相关群体或个人的关注，在公司治理实践中培育出利益相关者合作治理的新局面，对于公司治理绩效提高起到了关键性的作用。在西方国家公司治理和生态环境治理等应用领域被广泛认同，在西方社会公司治理中渐趋形成利益相关者共同治理的模式。但是，在中国关于利益相关者的理论研究多集中在公司治理领域，尚未将利益相关者理论普遍应用于生态环境治理领域。在中国，关于旅游景区的治理中，利益相关者理论的理论探讨逐步增多，但是生态综合治理的相关研究尚属空白。在中国生态环境治理实践中，利益相关者在生态治理中缺少决策和实际的影响力。这表明，在中国利益相关者理论研究与实践应用还停留在初级阶段，与西方国家的研究还有很大的差距。关于生态环境利益相关者治理模式的创建问题，在当前建设环境友好型社会和生态文明社会的背景下，值得深入研究。

第三节　研究目的及意义

一、研究目的

笔者以生态文明与中国生态治理模式创新为题，就是希望通过笔者的研究，让生态治理与保护在行政管理和公共管理学领域引起更多的关注。发源和兴盛于西方的治理理论在指导世界各国治道变革中熠熠生辉，是否意味着治理理论及其应用模式具有普适意义和自然生态关怀呢？西方社会多元合作的公共治理之道能否促成中国公共事务蓬勃的发展，能否为中国生态环境的治理提供理论支撑呢？怀抱对实现生态文明社会伟大构想的美好憧憬，基于生态环境政府良善治理的现实责任，本书对于中国生态环境治理模式选择问题深入探讨。变革政府管制型治理，超越公共治理限制因素的束缚，构建起有助于中国生态环境良善治理的"政府主导—利益相关者参与治理"模式成为本书研究的根本目的。本书以政府生态环境治理作为核心问题，将此作为研究对象，试图理清和解决以下问题：重点探讨生态环境公共治理的内涵是什么？生态环境公共治理的优势是什么？结合中国实际，分析阻碍中国生态公共治理的限制因素有哪些？进而构建起适应当前生态文明建设要求的政府生态环境治理的新型模式，为中国政府生态治理模式改进与创新提供理论铺垫和支撑。选择生态功能区治理实际为案例分析，原因在于生态功能区治理的提出，是中国生态环境向系统科学治理发展的新阶段；生态功能区有效治理也是现时代推进生态文明社会建设和实现可持续发展的重要举措。因而，单从生态功能区划、生态功能恢复的技术层面探索生态功能的维护与修复；抑或治理模式的简单套用，都是杯水车薪。在中国公共治理现有条件不成熟的环境下，借鉴利益相关者理论模型，分析中国生态治理中存在的问题，通过利益协调、利益平衡等机制调动利益相关者参与治理是有效缓解政府管制型治理模式失灵的理性选择。

二、研究意义

人类对生态利益的追求以及生态文明社会的实现需要政府的介入与干预，本书从治理理论视野出发，借鉴公司治理中最成功的利益相关者共同治理范式，厘清中国生态环境治理中各利益主体的复杂利益关系，解构利益冲突，致力于构建适合中国国情的生态治理模式，为中国政府生态环境治理提供改革思路和理论启示；理清生态治理中的利益相关者的利益需求和利益冲突，加以平衡和协调，充分调动利益相关者的治理热情和培养治理能力，对中国生态有效治理具有重要的理论与实践意义。本研究引入利益相关者理论模型，以生态功能区政府治理为模型，从生态功能区相关利益者需求与冲突分析入手，探讨调动利益相关者参与的治理机制，逐步探索实现从政府管制型治理向公共治理的演进模式，为中国生态环境有效治理提供理论依据和方法体系。

（一）理论意义

第一，梳理公共治理理论内涵与特点，分析公共治理的实现机制，系统分析公共治理理论与治理模式在中国的实践困境。结合中国生态环境治理实践，探讨了中国生态公共治理的实践路径，推动公共治理理论与实践的新发展。

第二，公司治理和公共治理存在不同运作模式，公司治理中当下更多依托利益相关者治理模式，而公共治理中基于多中心合作治理模式成为主导。引入相关利益者理论，借鉴公司治理利益相关的分析方法，构建基于利益相关者理论的生态治理模式，为中国生态环境公共治理提供基本思路的同时，实现了公司治理与公共治理理论的交融。

第三，生态文明理念的提出，可以促进政府治理模式转变的理论创新。政府须以生态文明为约束条件，适应建设需要，率先进行范式转换，更新执政理念，重新界定政府角色，转变政府职能重点，提升政府能力，积极回应生态文明建设进程中市场、社会、企业、公众提出的种种诉求，实现政府转型与生态文明建设的良性互动。依靠新思路，建立新机制，运用新方式率先实现生态公共治理。生态环境保护与治理是中国政府重要的职能范畴，对生态环境进行保护与建设，不仅是环境科学、生态学、生态经济等理论研究的区域，更应该是行政管理关注的领域。提高生态环境保护与管理效率，也是行政管理领域政府创新的动力机制。

（二）现实意义

本研究探索中国政府实现生态环境的有效治理的最佳模式，追求生态环境的善治，对于中国生态环境保护、生态文明建设以及增强政府公信力等方面具有重要的实践意义。

第一，"政府主导—利益相关者参与治理"模式的构建，符合中国实际，有助于调动多元利益主体参与生态环境治理，为生态环境改善创造条件，也是推动中国生态文明社会实现的必要条件。如何建立有效的、完整的、稳定的生态环境保护与治理的网络体系，不仅是维护生态平衡的需要，也是人与人、人与自然和谐共处，走向和谐社会的理性选择。生态环境危机成为中国当前重大的公共问题，各种类型的生态危机事件不仅造成巨大的经济损失，而且干扰了社会正常的发展进程，冲击公众心理，甚至严重影响国家的政治和社会安定。通过本书的探讨，使政府明晰生态治理中利益主体和利益冲突，有助于提高政府的反应速度、协调能力，促进社会政治的稳定。

第二，"政府主导—利益相关者参与治理"模式的构建，保证了政府在生态治理中的重要作用，克服了公共治理中的多元决策导致效率低下的弊病，有助于中国生态治理效率的提高。由于社会经济的快速发展，人类干扰和破坏自然界的活动普遍存在，并将长期存在。政府作为公共利益的代表者和实现者，合理定位其角色是生态环境有效治理的根本保障。从国际环境保护事业发展形势来看，生态保护与建设已成为各国促进人与自然和谐、建设可持续发展社会的基本举措，是保障生态文明社会实现的必要条件。上升到政府治理、公共治理高度，则有利于促进人与自然的和谐发展，提高全社会的生态伦理观念和环境保护意识，更好地促进生态文明建设。

第四节　结构安排、研究方法及创新之处

一、结构安排

本书除导论和结论外，共分为八章：生态文明与生态治理的理论基础；中国生态治理模式的历史发展；政府管制型生态治理的现状分析；管制——公共治理：生态治理模式的发展态势；国外生态治理中公共治理的理论与实践；中国生态公共治理模式的创建；中国生态公共治理的运行机制；中国生态公共治理的保障机制。

本书系统分析了中国政府治理生态环境的现状，重点分析了政府管制型治理模式的内涵、特征及生态治理的基本状况。对政府管制型治理模式下，生态环境治理存在的问题及其原因进行分析，揭示出政府管制型治理成为生态文明时代生态环境治理不断深化的重要根源。鉴于政府管制型治理存在的问题，借鉴国际上公共治理理论缓解生态治理问题就成为迫切需求。在对欧美发达国家成功经验梳理的基础上，引入利益相关者理论模型，构建适宜中国生态环境治理现实的"政府主导—利益相关者参与治理"模式，认为此模式是生态文明时代中国生态环境治理需要的最佳模式，它既是对政府主导型治理模式的修正，也是公共治理的发展与创新。本书进一步对此模式进行了理论探索与现实展望，并以大、小兴安岭生态功能区治理实践为例，论证了生态环境治理中政府管制型治理存在的突出问题，通过理论与实证的双维探讨，最终实现本书研究的目的。

二、研究方法

科学的方法对于理论研究和理论创新具有至关重要的意义。本书在写作过

程中，从治理理论视野出发，综合运用公共管理学、行政学、经济学、管理学等学科的前沿理论成果，采用理论与实际相结合，规范研究与实证研究相结合的方法，对治理理论及治理模式进行深入探讨，特别是从利益相关者的角度对中国政府生态环境治理中存在的问题和面临的挑战、应采取的模式进行积极的探索和论证。借鉴公司治理中的利益相关者理论，厘清中国生态环境治理中各利益主体的复杂利益关系，解构利益冲突，致力于构建"政府主导—利益相关者参与"的公共治理模式。本书选择治理作为理论基础，不在于简单引介治理理论；抑或是直接套用其在公共事务治理中的应用模式，而是意在充分考虑中国的现实社会状态，让舶来品的治理理论在中国政治经济环境中生根发芽，实现本土化的发展与创新，特别是在中国公共事务治理模式选择上形成新的认知和考量。具体地说，包括以下方法：

（1）理论与实际相结合的方法。理论研究的终极目标是为实践提供支点。公共治理理论作为一套来自西方国家治理实践的理论体系，被介绍到中国后，旋即成为研究热点。通过借鉴公共治理理论，破解公共治理的实现机制，分析中国公共治理的现实困境。将中国社会发展实际状况作为治理模式选择的依据去研究，选取中国生态环境的治理实际进行公共治理模式的构建，是理论与实践相结合方法的具体应用。

（2）规范研究与实证研究相结合的方法。规范研究与实证研究是学术研究常用的两种方法。就公共治理而言，规范研究，即研究公共治理应该做什么，适应中国的公共治理模式应该是什么，主要解决应然问题。实证研究，则是从现实中直接观察和分析公共治理的运行，讨论实然层面。文章梳理公共治理，通过中国生态公共治理的理论探讨，解决中国生态治理模式选择问题。特别是结合生态功能区的建设和治理现实进行分析，进一步结合大、小兴安岭重要生态功能区的治理实际进行展望，为本书的核心结论提供依据。

（3）历史研究与比较研究方法。对中国过去和现行的生态功能区治理模式进行反思，通过国际生态治理模式的比较分析，结合中国生态功能区治理的现实，研究和探讨了具有中国特色的生态功能区治理的新模式，并将新模式与政府主导治理、市场治理、公共治理模式进行比较分析，从理论上明确了"政府主导—利益相关者参与治理"模式的比较优势。

三、创新和不足

在全面分析中国政府生态治理的现状、问题，充分挖掘生态环境公共治理的理论依据和借鉴欧美发达国家成功治理经验的基础上，结合中国社会发展的特点和中国生态环境政府治理的现实状况，本书构建了"政府主导—利益相关者参与治理"的模式，力图以此来指引中国生态功能区的管理，为决策者提供借鉴，在某种意义上实现了公共治理的中国化发展。翔实地论述了"政府主导—利益相关者参与治理"模式的理论内涵、建构依据、比较优势，并对新模式的实现机制进行了探索。对于一种新的理论构想，难免有不足之处，对"政府主导—利益相关者参与治理"模式的应用情景进行了展望，并进一步对其实现的保障机制进行了探讨。从而搭建了生态功能区"政府主导—利益相关者参与治理"模式的完整体系，实现了理论上的创建，达到本研究的根本目的。

建设和实现生态文明社会，体现中国政府和人民保护环境，实现人与自然和谐发展的坚强决心，本书从建设生态文明进程中的政府职能这一视角予以分析和思考，为我国建设生态文明提供一定的决策依据。与同类研究相比较而言，本研究的创新主要体现在以下三个方面：

第一，研究对象的创新。生态环境治理已经成为行政管理、公共管理理论研究的热门领域，关于生态环境政府治理和公共治理的研究逐步增多，但是在中国系统研究生态功能区治理的探讨尚不多见。生态功能区治理注重生态系统完整性、生态系统服务功能维护与治理，是中国生态环境治理由单要素治理向多要素、系统治理发展的新阶段。本书将生态功能区作为政府生态环境治理模式探讨的重要载体，将生态功能区治理作为研究的基本对象，为中国生态环境公共治理研究开创了新的研究范畴。

第二，研究视角的创新。对于生态环境保护与治理的研究，目前的理论研究多是从生态环境科学的角度探讨。生态环境的保护与治理不能仅仅依靠生态学、环境科学的理论发展与实践创新，良好的治理是关键因素。对于生态功能区的理论研究多是从生态功能区区划的角度、生态补偿角度探讨，缺少从治理模式选择方面的研究。本书则是从行政管理学、公共管理学等角度进行研究，从交叉研究、跨学科研究的视角对于中国政府生态治理现状进行梳理，总结和归纳出现有治理模式存在的问题，丰富了生态治理的研究，拓展了政府生态环境治理研究的新视角。

第三，理论研究的创新。通过对于政府生态治理模式的演进、政府主导型治理模式存在的问题分析，以及对于公共治理的理论探讨，论证了中国政府转变生态治理模式的必要性。结合中国生态功能区治理的现实，构建了"政府主导—利益相关者参与治理"的全新治理模式，实现了理论探讨的创新。对于新模式的理论内涵、建构的理论依据、比较优势、实现机制与保障机制及其应用前景进行了前瞻性的描述与论证，试图为中国生态治理实践提供理论参考。

由于生态文明理念在中国目前仍属于较新的课题，对于生态文明背景下政府治理模式的研究尚不完善，特别是结合中国生态环境治理中政府职能定位与治理方式选择的研究尚具有探索性，本书对于中国政府生态环境治理模式的研究还不够深入透彻，对于不足之处与诸多未尽的问题，需要在今后的研究中进一步挖掘和深化。

第一章　生态文明与生态治理的理论基础

面对日益严重的生态环境危机,"环境保护""循环经济""可持续发展"等体现生态向度的词汇逐步进入学界,生态文明在人类社会发展中的地位逐步得以提升。20世纪90年代以来,受到国际生态环境保护运动及绿色思想的影响,我国学界开始关注和探讨生态环境保护问题,提出了生态文明的概念,并对这一范畴展开了理论探讨和实践尝试。胡锦涛总书记在党的十七大报告中提出要建设生态文明,首次将生态文明与物质文明、政治文明、精神文明并列写入党代会报告,这充分体现了对生态文明的高度重视,体现出党和政府执政兴国理念的新发展。

当前,我国正处在建设和谐社会的关键时期,在经济快速发展的同时面临着严峻的环境危机,大力建设生态文明必将是一个十分重要的战略任务,也是全面建设小康社会的重要举措。政府作为公共行政管理的主体,政府职能会影响和渗透到国家的政治、经济、文化和社会生活的各个方面。正确处理生态文明建设与工业文明建设的关系,发展循环经济、生态工业,特别是推进政府在生态文明建设中的职能发挥,对推进生态文明建设具有重要的意义。

第一节　生态文明的理论阐释

我国生态文明理念的产生与发展,是对我国环境与发展问题的理性回应,也是对国际上生态运动和生态理论研究的及时反应。20世纪七八十年代以来,随着可持续发展理论的产生与逐步完善,人们对生态问题的认识也提高到了一个崭新的水平。人们终于认识到,生态问题不仅是大自然的问题,更是人的问题,是涉及人类能否持续发展的大问题。要不断增强可持续发展能力,改善生态环境,显著提高资源利用效率,促进人与自然和谐,推动整个社会走上生产发展、生活富裕、生态良好的文明发展道路。生态文明理论应运而生。但是，截至目前，无论是理论界还是实践领域，对于生态文明建设的理论内涵、发展规律、指标体系以及建设路径等方面的探讨还不够深入与透彻。

一、生态文明理论溯源

20 世纪 60 年代以前，人类对于战胜自然的信心十分坚定，相信只要依靠科学技术就可以无限度地开发和利用自然。60 年代初，美国生物学家卡逊出版了《寂静的春天》一书，运用食物链网的生态学原理揭示了农药的危害性，提出农药不仅毒害害虫，而且也毒害鸟类，甚至会危及人类的身体健康，危害还可能及至子孙后代。该书的问世，像平地一声惊雷，给人们敲响了一个警钟，由此而引发了一场旷日持久的绿色和平运动。70 年代在斯德哥尔摩召开了联合国人类环境会议，并发表了《人类环境宣言》。与此同时，罗马俱乐部诞生，其研究报告《增长的极限》和《人类处于转折点》等的发表，促使绿色和平运动进入了高潮。罗马俱乐部报告第一次提出了增长是有极限的，并用发展的概念取代了增长的概念，还用动态平衡规律取代了单纯增长原则。该报告认为，地球上的各种能源和资源是有限的，为了支撑未来长远的发展，人类必然走有机增长的道路，建立稳定的生态平衡和经济增长，以达到全球均衡，从而使世界成为一个和谐一致的整体。

20 世纪 80 年代以来，生态危机的加剧和对工业文明的深刻反思，使得探寻新的文明形态用以摆脱工业文明的发展困境，也就是探寻生态文明形态的努力开始在全球范围内涌现。生态文明意识逐渐在世界不同民族和不同意识形态的国家产生，人们不再盲目追求增长，探求可持续发展路径的呼声越来越高。20 世纪 80 年代，世界环境与发展委员会发表了纲领性文件《我们共同的未来》，自此，各国政府开始把生态环境保护作为一项重要的施政内容。《我们共同的未来》对可持续发展的定义是，既满足当代人的需求又不损害后代人满足其需求的发展。可持续发展战略的提出，是人类文明史上的一次飞跃，它体现人类在更高层面上寻求和创建文明。正是在这个意义上，我们把可持续发展视为一种新的文明观。

20 世纪 90 年代，世界环境发展大会和《里约宣言》的发表，真正拉开了生态文明时代的序幕。

在国外生态运动的影响下，我国相关领域的专家学者开始从文明观的高度重新认识和审视人与自然之间的矛盾，开始关注生态问题，进而在理论上提出了生态文明的概念。我国较早提出和阐明生态文明的新观点是著名的生态学家叶谦吉先生，1987 年在全国生态农业问题讨论会上，叶先生奋力疾呼要"大力提倡生态文明建设"，引起了与会者的共鸣。叶谦吉认为，所谓生态文明，就是人类既获利于自然，又还利于自然，在改造自然的同时又保护自然，人与自然之间保持着和谐统一的关系。他在所著的《生态农业——未来的农业》一书中，进一步阐述了生态文明建设问题。[①] 1990 年 4 月，中国生态经济学会和中国社会科学院农村发展研究所联合在北京召开纪念"国际地球日"20 周年座谈会，刘思华教授呼吁在党和政府的重要文献中明确三个文明建设的命题，希望唤起和提高全体人民特别是广大行政领导干部的生态意识。刘思华教授的倡导和提议在当时得到广泛的认可，并且成为我国保护生态环境的基本国策、三个文明同步发展的战略方针的确立提供了科学依据和理论支撑。

　　与此同时，在全国一些有影响的报刊和相关理论的探讨中关于生态文明和三大文明的提法日益增多，如陈寿朋教授长期专注于从事治理沙尘暴的研究和实践工作，他先后撰写出《草原文化的生态魂》《生态文明建设论》和《生态文化建设论》等一系列关于生态文明建设的论著；他还先后在内蒙古、福建等地积极参与和推动成立生态教育基地或生态文明建设示范基地。刘宗超博士积极倡导生态文明的理念，主持中国社科"九五规划"重点项目"生态文明与生态伦理的信息增值基础"课题，著有《生态文明观与中国可持续发展走向》《生态文明观与全球资源共享》等著作，发表数十篇关于与生态文明建设相关的学术论文。

　　20 世纪 90 年代中后期至今，我国学者关于生态文明的论文和著作数量逐步增多，探讨的深度也在不断深入。近年来，理论界和学术界对生态环境治理问题的高度关注，特别是对生态文明内容的探讨表明，生态文明社会的诉求以及生态文明时代的到来在理论上已经基本达成共识。

　　生态文明社会理念的最终确立，与中国国家领导人的高度重视生态环境保护和中国共产党及政府的积极推动密不可分。新中国成立初期，毛泽东同志就提出植树造林、实现大地园林化的伟大号召。1981 年在邓小平同志倡导下，五届全国人大作出了《关于开展全民义务植树运动的决定》。江泽民同志发出了"再造秀美山川"的号召，提出要促进人与自然的协调与和谐，使人们在优美的生态环境中工作和生活。中国共产党和各级政府在领导人民进行经济建设

---

① 刘思华. 生态文明与可持续发展问题的再探讨 [J]. 东南学术，2002（6）：60.

的同时，开展了大规模的植树造林、兴修水利、水土保护、防治沙化荒漠化和治理环境污染等保护与改善生态、环境的群众性活动，投入了大量人力、物力、财力，兴建了大批生态治理和环境保护工程，为抵御和减轻自然灾害、保障经济持续快速发展和人民生命财产安全，作出了巨大的贡献。

党的十六大报告提出："可持续性发展能力不断增强，生态环境得到改善，资源利用效率显著提高，促进人与自然的和谐，推动整个社会走上生产发展、生活富裕、生态良好的文明发展道路。"党的十六大报告虽然尚未明确提出生态文明的理念，但是实际上已经为我们指出了建设生态文明的目标与方向。以胡锦涛为总书记的党中央在领导全党全国人民全面建设小康社会的实践中，形成了以科学发展观为统领的新的治国方略，提出了构建社会主义和谐社会的重大命题，即 2003 年10 月党的十六届三中全会明确提出："坚持以人为本，树立全面、协调、可持续的发展观，促进经济社会和人的全面发展。"科学发展观的提出，使我们对生态文明的认识提高到了一个崭新的高度，为我国生态保护和生态建设指引了正确的方向。2004 年 9 月，党的十六届四中全会首次提出了"社会主义和谐社会"的科学理念。在谈到和谐社会建设时，胡锦涛总书记指出："我们所要建设的社会主义和谐社会，应该是民主法治、公平正义、诚信友爱、充满活力、安定有序、人与自然和谐相处的社会"，"人与自然和谐相处，就是生产发展，生活富裕，生态良好。"和谐社会理念的提出，使我们更进一步认识到加强生态文明建设的重要性和迫切性。

与此同时，我国国家领导人和政府官员对生态文明建设进行了较为深入的理论研究。2006 年 9 月 25 日，时任国家环保总局副局长潘岳在中共中央党校主办的《学习时报》上，发表了的《社会主义生态文明》一文，首次正式提出了"社会主义生态文明"的概念。第十四、十五届中共中央政治局委员、全国人大常委会原副委员长姜春云主编了《偿还生态欠债》一书，这本巨著系统地对我国工业文明的进程进行了深刻的反思，集中地体现了我国多年来在保护生态和环境方面的研究成果。2007 年，胡锦涛总书记在党的十七大报告中提出："要建设生态文明，基本形成节约能源资源和保护生态环境的产业结构、增长方式、消费模式。"首次将生态文明与物质文明、政治文明、精神文明并列写入报告，这充分体现了我们党对生态文明的高度重视，体现出党和政府执政兴国理念的新发展。

二、生态文明理论内涵

生态文明作为工业文明之后的新型文明形态，具有丰富的内涵，生态文明建设涉及全社会的方方面面，包含生态意识文明、生态制度文明、生态行为文明、生态技术文明等构成要素，是人类创造的物质财富和精神成果的总和。

（一）含义

对于生态文明的含义，很多学者进行了探讨，但是目前还没有形成统一的概念。

生态文明的主要标志，体现在三大"转变"上：一是生产技术的大转变，即有害环境技术向无害环境技术的转变；二是经济观念与行为的大转变，即从单纯追求经济目标向追求经济—生态双重目标的转变；三是自然观的大转变，即由天人相分到人天谐和的转变。由这三大转变，产生了一种新型的生态伦理观、价值观和生态文明观。生态文明观强调，人与自然必须保持平衡、协调和统一，社会、生态、经济必须协同发展（张琳　2000）。①

所谓生态文明，是指人类社会发展过程中较工业文明更先进、更高级的文明，是可持续发展的文明，是利用工业文明的成果，在遵循大自然规律的基础上促进人类之间以及人类与自然之间的和谐（王慧敏　2003）。②

生态文明，作为社会文明的生态化表现，是指人们在改造客观物质世界的同时，不断克服改造过程中的负面效应，积极改善和优化人与自然、人与人的关系，建设有序的生态运行机制和良好的生态环境所取得的物质、精神、制度方面成果的总和。它反映的是人类处理自身活动与自然界关系的进步程度，是人与社会进步的重要标志（姬振海　2005）。③

生态文明，是一种新的文明形态，是迄今为止人类文明发展的最高形态。它具体是指，人类在改造自然，促进社会进步和发展的过程中，实现人与人、人与自然、人与社会之间和谐共生关系的全部努力和成果，包括人类为实现这种和谐所创造和建构的技术、组织、法律、制度、意识以及实际行动（陈家刚　2006）。④

生态文明的含义可以从广义和狭义两个角度来理解。从广义角度来看，生态文明是人类社会继原始文明、农业文明、工业文明后的新型文明形态。它以尊重和维护自然为前提，人与自然、人与人、人与社会和谐共生、良性循环、全面发展、持续繁荣为基本宗旨，以建立可持续的经济发展模式、健康合理的

---

① 张琳.论生态文明观［J］.烟台大学学报（哲学社会科学版），2000（2）：234.
② 王慧敏.对建设生态文明的思考［J］.学习论坛，2003（8）：47.
③ 姬振海.建设中国生态文明的若干思考［J］.中国环境管理干部学院学报，2005（2）：5～6.
④ 陈家刚.生态文明与协商民主［J］.当代世界与社会主义，2006（2）：82.

消费模式及和睦和谐的人际关系为主要内涵，倡导人的自觉与自律，倡导人与自然环境的相互依存、相互促进、共处共融。从狭义角度来看，生态文明是与物质文明、政治文明和精神文明相并列的现实文明形式之一，着重强调人类在处理与自然关系时所达到的文明程度（朱智文　2008）。①

生态文明不是一种局部的社会经济现象，是人类文明形态的一次重大飞跃。它的本质是追求人与自然和谐、人类社会内部和谐、人自身和谐为目标，进而实现社会、自然的可持续发展和人的自由全面发展。作为一种处于蓬勃发展中的事物，对于生态文明的内涵必须围绕两个维度来深刻厘清其内在含义与宏伟愿景。其一是指生态文明作为社会文明形态的维度与狩猎文明、农业文明、工业文明的关系角度来定义，也可以理解为广义的生态文明。生态文明是对传统的社会文明形态扬弃基础上发展起来的更高阶段的文明形态，代表着人类社会文明发展的新方向。对于前几种文明形态，尤其是对工业文明形态的超越。生态文明是基于人与自然关系视角，在人类反思生态危机与社会发展方式的基础上，自觉引入持续发展与和谐共生理念协调人与自然、人类社会关系的高级文明形态，必将是人类文明形态的新走向与终极目标。其二是作为与物质文明、精神文明、政治文明并列的文明形式而存在，重在协调和实现人与自然平衡发展的生态文明，也即狭义的生态文明。生态文明同物质文明、政治文明、精神文明存在着相互依存、相互制约，共同推动社会文明的发展。生态文明是社会文明体系的基础，为物质文明提供资源、能源和良好的环境要素，基于生态文明的良好的审美体验成为推动精神文明发展的重要素材；政治文明的建设也是脱胎于人类对于生态文明权利的追求；失去生态文明，物质文明的持续发展就失去了载体和基础，精神文明和政治文明的内涵也无法全面持续发展。基于此，社会文明是由物质文明、政治文明、精神文明和生态文明等四大基本要素构成的系统。社会文明的发展是由物质文明、政治文明、精神文明和生态文明等四大要素交互作用而向前推进的过程。

（二）生态文明的特征

生态文明具有以下特征：一是内涵的丰富性。生态文明的内涵指向丰富，是人类文明发展的高级形态。包括生态意识文明、生态制度文明、生态行为文明。二是外延的广泛型。生态文明的建设覆盖了政治领域、经济领域、文化领

---

① 朱智文．生态文明三题［J］．甘肃社会科学，2008（1）：13.

域、社会领域，在社会生活的各个领域发挥引领和约束作用。三是形态的高级性。生态文明是人类文明的更高级形态。生态文明，是人与自然和谐发展的文明，必然超越和替代工业文明。四是建设的曲折长期性。生态文明作为新的社会文明形态，必然经历一个长期的复杂的历史进程，面对增长与环保、经济效益和生态效益的多重困境，生态文明的建设尤为艰巨曲折，是我们的长期目标。

三、生态文明构成要素

生态文明主要包括四个方面的构成要素：生态意识文明、生态制度文明和生态行为文明、生态技术文明，四个方面的要素共同支撑了生态文明体系。

（一）生态意识文明

所谓生态意识文明主要是指人们从根本上摒弃人类中心主义观念，坚持尊重自然、热爱自然与自然和谐相处的自然观，具有良好的生态保护意识，在生产和生活实践中坚持可持续发展观和适度消费的观念。生态意识文明具体表现为生态自然观、生态价值观、生态发展观、生态消费观等方面。生态意识文明首先是自然观的转变，生态文明自然观认为人类与自然并非是对立的两极，人类是自然界的有机组成部分，人的价值是自然价值的延伸和升华的体现。人类不应只是向自然索取，人类在关心自身的发展的同时，必须关心自然界的命运与发展，要补偿自然、爱护自然、保护自然。生态意识文明包含生态文明价值观，生态文明价值观强调种际公平、强调代际公平、强调人地公平，认为地球上每个物种都有其存在的价值，生态系统中的其他生物与人类存在平等的权利，彼此应该相互依存、协调共生。人类要尊重和捍卫其他生物的权利，尽可能地肩负起保持地球上的生物多样性的责任。对人类自身来说，就是强调不同种族、民族之间的平等与协调。生态文明价值观强调代际公平，认为当代人应该保护自然资源，当代人和后代人在享受自然资源的方面具有平等的权益。生态发展观是生态意识文明的重要组成部分，生态文明发展观强调人类必须与自然和谐相处，要实现可持续发展。发展的强度、发展的模式、规模及速度必须以资源环境承载力为基础。生态文明发展观把人与自然协调发展作为一项基本的道德准则，在产业布局时以区域生态功能为依据，在尊重自然和维持生态功能的基础上利用自然和改造自然。生态文明消费观坚持实用节约原则，强调人类生活方式的俭约性，以适度消费为特征。生态文明消费观追求基本生活需要的满足，通过调节和改变人类生活方式和过度消费，减少对自然资源的过度开发与消耗。

（二）生态制度文明

生态制度文明是指构建起关于生态环境保护的法律制度体系，从法律制度的角度明确生态保护的重要意义，对于破坏自然的行为予以制约和惩戒；推行生态补偿制度，维护自然和人类的生态权益。目前关于生态文明的法律制度体系建设还比较薄弱，主要是在环境法中有所突破。环境法侧重对生态环境的状态进行技术性的描述和定量分析，在此基础上设计了有关环境保护、环境评价的较为具体的技术指标和相关的法律制度，主要包括生态环境标准制度、生态环境影响评价制度、清洁生产制度、自然保护区制度和历史文化保护区制度。生态环境标准制度主要是确立环境质量标准和污染物排放标准，为大气环境、水环境、声环境保护提供依据。生态环境影响评价制度是对政策、规划和建设项目实施后可能造成的环境影响进行分析、预测和评估、提出预防或减轻不良环境影响的对策和措施，进行跟踪监测的方法与制度。生态环境影响评价也是政府履行环境义务、保障公民良好环境权的有效方法。1998 年《国际清洁生产宣言》宣称："清洁生产是将综合的、预防战略持续应用于生产过程、产品设计和服务中，以减少风险，寻求经济、健康、安全和环境等方面的利益。"[①]自然保护区制度和历史文化保护区制度旨在通过建立自然保护区和历史文化保护区制度，减少和控制人类活动对森林、草原、内陆湿地和水域、海洋和海岸的生态系统、野生动植物、地质遗迹和古生物遗迹等的干扰和破坏，从整体上保护自然生态资源和历史文化资源。

（三）生态行为文明

生态行为文明意味着对人们生产方式和生活方式的转变，是指人类在生产和生活实践中，用实际行动贯彻生态文明理念，采取循环经济为主的生产模式和理性节约的生活方式，使生态文明理念转化为行动体系。生态行动文明首先表现在生产方式变革、生产模式改变上，变革高生产、高消费、高污染的传统生产方式，生态文明的社会追求经济社会与环境的协调发展而不是单纯的经济增长，对盲目追求 GDP 的传统增长方式实行根本变革，GDP 不再是衡量社会

---

① 徐萍．构建和谐社会生态文明权益制度建设［J］．科技信息，2007（9）：226.

进步的唯一标志。生态行动文明倡导节约循环的生产方式，坚决减少、纠正和制止企业产品生产过程中的资源过度消耗，积极开发节能型产业，发展循环经济，加快形成有利于节约能源资源和生态环境保护的产业结构，引导企业走上节约型生产轨道。生态行动文明表现在生态化的生活方式上，生态化的生活方式是指在人们遵循绿色的消费观，反对过度消费、倡导适度消费，认为生活的质量的提高并不是简单需求的满足，反对人们过度的物质产品消费。号召人们爱惜野生动物、植物，自觉地保护生态资源环境，倡导绿色饮食文化、生态旅游、爱护生态、崇尚自然、适度消费、绿色消费，追求一种既满足自身需要又不损害自然影响生态平衡的生活。提倡从我做起，大力倡导节能环保，按照"减量化、再利用、资源化"的原则，实现资源循环式利用，形成绿色生产与绿色消费之间的良性互动；形成有利于节约能源资源和保护生态环境的消费模式；形成"节约环保光荣、浪费污染可耻"的良好社会风尚，营造有利于生态文明建设的社会氛围。

（四）生态技术文明

生态文明社会的实现离不开科学技术体系的支撑，科技是柄双刃剑，生态文明倡导生态环保技术，使用可再生资源，发展循环经济，有助于发挥科技为民服务功能。生态技术文明是指以发展生态技术为基础，运用生态技术和生态工艺，推动社会物质生产和社会生活的生态化。改造传统产业，形成生态化的产业体系，保证生态产业在产业结构中居于主导地位，成为经济增长的主要源泉。生态文明的技术支撑体系主要包括智能化微制造技术、生态化农业技术、生物工程技术、循环经济技术、清洁化的新能源技术。生态化的技术体系综合运用于人类生产方式和生活方式的改变，在产业发展中应用新技术，保障人类生产劳动节约和综合利用自然资源的新机制得以运行，真正实现人与生物圈相互协调的发展目标。坚持走中国特色新型工业化道路，坚持智能化微制造为主导的人工化学生产体系，加快传统制造业改造；推动微电子与信息产业发展及在产业部门的应用，促进信息化与工业化融合，提升其技术水平和竞争力。生态文明社会仍然离不开农业的发展，注重农业生产中的现代科学技术投入，提高农业水利化、机械化和信息化水平；用现代经营形式推进农业，用科技知识武装和培养新型农民发展农业，提高农业劳动生产率、农业效益和竞争力，变革粗放型的生产模式，实现中国特色农业现代化、生态化发展道路。在第三产业发展过程中，注重生态技术功能的发挥，提高服务业社会化和市场化水平，使其向科学化、生态化方向发展。

四、生态文明提出的意义

生态文明是所有文明的基础组成部分，生态文明建设是全人类共同的事业，积极推进生态文明理论研究和实践具有深远的理论意义和现实意义。

首先，生态文明是人类历史上崭新的文明形态，是对传统的农业文明与工业文明的超越。生态文明是人类文明发展史上的重大飞跃，标志着人类自然观的根本变革。生态文明突破农业文明、工业文明人类中心主义的局限，以一种新自然观，即从生态发展的原点出发，去思考人类社会发展的模式。生态文明的本质是追求人与自然和谐、人类社会内部和谐、人类自身和谐为目标，进而实现社会自然的可持续发展和人的自由全面发展，生态文明的理念加深利益相关者对于生态功能区治理的认识，增强对于生态环境保护的内在需求。生态文明同物质文明、政治文明、精神文明相互依存、相互制约，共同推动社会文明的发展。基于生态文明的良好的审美体验成为推动生态环境保护与治理的强大动力。生态文明的崛起是不可逆转的世界潮流，是人类社会继农业文明、工业文明后进行的一次新的选择，将引领人类迈向文明的新高度。生态文明力图用整体、协调的原则和机制来重新调节社会的生产关系、生活方式、生态观念和生态秩序，因而其运行的是一条从对立型、征服型、污染型、破坏型向和睦型、协调型、恢复型、建设型演变的生态轨迹。如果从维系人与自然的共生能力出发，从人与自然、人与社会以及人际和代际的公平性、共生性的原则出发，从文明的延续、转型和价值重铸的角度来认识，生态文明必将超越和替代工业文明。①

其次，生态文明的提倡适度增长理念，是科学发展观的重要体现。坚持和倡导生态优先持续发展的价值理念，主张通过生态协调发展的方式来实现自然生态发展的可持续性。人类发展的历史长河中，每一种新近的文明形态的创建都是在对前一种文明形态的扬弃的基础上完成的。生态文明观，是对以增长为核心的工业文明观的扬弃，而不是对工业文明的终结。生态文明对于工业文明既有否定，也有继承。工业文明时代缔造出辉煌成果，丰富的物质产品和社会财富、开放民主的制度体系、日新月异的科技成就和科学思想等等，我们必须予以充分的肯定和继承。但是，对于工业文明时代人类要凌驾于自然之上、主

---

① 李抒望. 正确认识和把握生态文明建设［J］. 大连干部学刊, 2008（1）: 8.

宰和控制自然的价值观念，生态文明社会需要进行根本性的改造。生态文明的提出，在价值观上肯定自然的价值，自然被赋予道德地位，它的归宿点是人与自然关系的平衡而不是以人为世界的中心。生态文明价值体系是科学发展观的重要体现与贯彻。

再次，生态文明导引的是对于自然界的关心与体恤，加深了人对于自身的认识和理解，有助于社会主义和谐社会的建构。生态文明倡导的文明观念推演到人类社会，有助于人类社会的和谐发展。生态文明社会对于人与自然关系的反思，推演到对于代际、种际平等的追求，坚持公平性、共生性的原则出发，有助于人类社会内部和谐的实现。生态文明的研究与创建，反映了群众的生态需求，符合创建环境友好型社会的要求。人们在满足物质财富增长愿望的同时，还有更多的精神层面的需求。对生态文明的追求，需要人们之间的彼此信任、共同行动，有助于实现人与人之间的合作与平衡，从而实现社会领域的生态文明。

第四，生态文明理论研究为自然科学和社会科学的研究指引方向。自然科学和社会科学的不断进步，推动了生态文明的理论诉求的产生，关于生态文明问题的研究不仅是重大的社会科学命题，也是十分重大的自然科学命题。伴随着科学的发展，生态文明理论将逐步深化；与此同时，生态文明的深入研究必将为自然科学和社会科学的研究提供价值导向。在党的十七大胜利召开、全党全国人民为贯彻科学发展观、建设和谐社会努力奋斗之际，北京大学生态文明研究中心正式成立了。这是国家林业局、中国生态道德教育促进会、北京大学落实党的十七大精神的一个具体而又重大的行动。对于落实党的十七大报告提出的贯彻科学发展观，建设和谐社会，实现我国全面建设小康社会战略目标的新要求，在全社会牢固地树立起生态文明意识，推动生态文明建设具有十分重要的现实意义。2007 年 12 月 2 日至 5 日，全国首届生态文明建设理论研讨会在苏州市职业大学隆重召开。中国生态道德教育促进会会长、北京大学生态文明研究中心主任陈寿朋教授作了题为《全面贯彻落实十七大精神　加强生态文明建设》的主题报告。代表们进行了热烈的讨论，并通过了"苏州宣言"。2008 年 1 月 13 日，在北京自然辩证法研究会和北航人文学院共同主办的科技创新与生态文明研讨会上，与会专家对于科技创新的同时保护好生态环境问题进行进行了探讨。中国人民大学教授欧阳志远表示，把科技创新与生态文明的建设联系起来，就是要求哲学社会学者要有社会责任感，把研究的重点放在对现实问题，尤其是针对中国国情下的现实问题的需求上。欧阳志远认为，不论是研究历史还是研究国外，都应该以现实的研究作为源泉，因为没有对现实问题的深入研究，就谈不上理论创新，真正的理论是从实践中发掘出来的，只有这样才有中国特色，才是新的。[①]

最后，生态文明的提出有利于推动政治文明的建设进程。生态文明的提出，是政府和执政党的先进理念的升华，充分体现了中国共产党的先进性，生态文明理念是中国共产党的执政思想不断深化和发展的产物。生态文明的创建，作为党执政的新理念，反映了发展的要求，有助于缓解经济增长与环境保护之间的矛盾。实现人与自然和谐作为党和政府的奋斗目标和新要求，反映党和政府关注民生的坚强决心，生态文明的建设与实现有助于稳定政治局面，推进政治发展。

第二节　生态文明与生态治理的相关性

我国改革开放以来，伴随经济的高速发展，对自然资源的使用速度加快，自然环境遭到了极为严重的破坏，我们生活的家园变得满目疮痍。落实科学发展观，推进生态文明建设成为新时期中国政府和人民面对生态环境危机的理性选择。一方面，建设生态文明社会，包含了加强生态治理、维护生态安全的基本内容，生态文明理念的提出必将突出生态治理的重要性；另一方面，加强生态治理也将成为生态文明社会实现的必要条件和基本保障。生态文明与生态治理相辅相成、互为推进。

一、生态文明涵盖生态治理的内容

（一）生态文明包含生态治理的基本理念

自然界是人类生存与发展的基础，生态环境是经济社会发展的基础。生态文明建设的基本着力点就是要统筹和协调好人与自然的关系，加强生态建设与生态治理，保护好森林、草原、湿地、沙漠等自然生态系统，构建结构合理、功能协调的生态体系是生态文明建设的基本内容。要建设生态文明社会，就要

---

① 赵鹰．哲学社会学者要担当生态文明建设的社会责任［N］．科学时报，2008-2-5（B03）．

以建立一种新的人与自然和谐发展的社会发展模式，用生态文明来调节人与自然之间的关系，调节人的行为规范和准则，要加强对生态环境的关怀，使生态治理成为生态文明建设的重要组成部分。

（二）生态文明凸显生态治理的重要性

作为一种新的文明观，生态文明反对绝对的人类中心主义观念，坚持人与自然的整体和谐。因此，反思工业文明背景下传统社会发展模式对自然资源的过度消耗、对生态环境的严重破坏，加强生态治理，给予自然生态以关怀，对生态环境进行修复与维护就成为生态文明建设的重要内容。生态文明较之农业文明、工业文明而言，对于生态环境及其治理的关注将更为迫切，生态文明以关注自然生态、缓解人与自然关系为主旨，突出和彰显生态治理的重要性，将进一步系统地推进生态治理理念的传播与生态治理行为的深化。

二、生态治理推进生态文明的实现

（一）生态治理是生态文明实现的必要条件

加强生态治理，有利于生态环境危机的缓解，是生态文明实现的必要条件。良好的自然环境不仅是对自然生态功能的维护与保持，而且是人类生存与发展的必要条件。加强生态治理，对于生态环境的改善、生态危机的缓解具有极为重要的意义。缺少生态治理，就无法满足人们对良好生态环境的基本诉求，更谈不上生态环境危机的彻底解决，生态文明社会也就无法实现。立足于生态环境治理的现实需要，在推进社会经济长期稳定发展的同时，把保护好生态环境当成头等要务，协调生态保护与经济社会发展之间的矛盾，监管社会不文明的生态行为，通过行政强制和行政调控等手段发挥治理职能，减少生态破坏行为的发生，实施有效的生态环境治理，对于化解人与自然矛盾、缓解生态危机具有重要意义。

（二）生态治理是生态文明实现的重要保障

加强生态治理是生态文明的迫切呼唤，而生态治理的成效也将影响和推动生态文明建设进程。生态文明社会的实现，有赖于积极的生态保护与生态治理。加强生态治理，系统地、全方位地保护生态环境，为社会经济的可持续发展提供良好环境的同时，也将为生态文明社会的实现提供生态保障。生态治理是生态文明建设的重要内容，建设生态文明社会，要最大限度地保护和合理利用自然资源，抓好生态资源保护，防止生态破坏，实现经济、社会和环境的一体化发展，从根本上消除人类对自然生态的污染与破坏行为，实现人类与地球生态系统的良性循环与可持续发展。

第三节　政府生态服务职能的基本理论

当前，生态治理的加强与生态文明社会的建设，离不开政府生态服务职能的发挥。加强政府的生态服务职能，维护和改善生态环境，不仅有利于生态环境危机的有效缓解，更有利于人类社会系统内部治理目标的实现。生态环境保护与治理关系到社会的方方面面，政府在协调各种利益关系、利益实现和利益分配中发挥重要的职能。所以，应积极完善和发挥政府的生态服务职能，以促进生态文明社会的实现。

一、发挥政府生态服务职能的意义

政府生态服务职能就是立足于生态环境治理中的自然生态问题以及人类社会内部矛盾，积极有效地发挥政府服务、调控职能，进而实现生态环境的改善。生态文明建设是政府不可推卸的责任，政府要发挥服务职能，对生态治理中企业、个人或民间团体等组织宣传生态文明理念，引导公众的环境保护意识，使局部利益与整体利益、眼前利益与长远利益相协调，最终促成生态文明社会的实现。

经济的高速发展引发严重的生态环境破坏，通过政府积极有效的生态治理与经济干预，正确处理好经济与环境的关系，能够在保护环境的同时，为我们建设社会主义和谐社会提供重要的基础与前提，为实现和谐社会提供有力的保障。政府生态服务职能加强，可以调节因生态破坏、环境污染和资源短缺导致的各种利益纠葛和社会矛盾。更重要的是，政府在环境治理中的主体地位与作用的发挥，大大地带动了社会其他力量对于生态保护的关注与参与。

发挥政府生态服务职能，推进生态治理有利于政府体系的改革与创新性发展。加强和完善政府生态服务职能是建设公共服务型政府、实现政府改革与创新的内在需要，对于我国应对生态环境危机，促进政府自身的改革和发展，亦具有重大的现实意义。将保护生态环境、倡导生态文明纳入到政府职能体系之中，是当代政府执政理念发展的新趋势，符合中国政治体制内部建设服务型政府的根本要求。强化公共服务职能，其中最重要的内容之一便是为生态环境服务。我国的环境保护等公共服务不足，服务能力低下，不能适应城市化与工业化加快发展的要求，无法应对和控制各种生态危机与生态破坏活动。为此，我们应当把传统的政府环保职能转变成政府生态服务职能，使其成为服务型政府建设的有机组成部分，实现政府环境职能从"管制"到"服务"的转型，推进政府创新的实现。

二、政府生态服务职能的基本体系

政府职能是指政府在国家和社会生活中所承担的职责和功能，政府职能是政府在行政管理过程中所担负的职责和应发挥的功能的统一，是政府政治统治职能和社会公共服务职能的有机统一。行政职能的内涵就是要发挥满足人民群众日益增长的合理的社会公共性需要的功能和职责。从政府管理领域的角度，政府职能包涵政治职能、经济职能、社会职能和文化职能。行政职能的内涵和外延的理解是伴随政治行政管理实践和理论研究深化不断拓展的。2004 年，全国人民代表大会上，温家宝总理明确提出我国社会主义市场经济条件下的政府职能概念，突出强调政府的主要职能包括经济调节、市场监管、社会管理和公共服务。建设生态文明已经成为当前我国全社会、各民族的共同任务，政府理应在建设生态文明中担当起重要作用，结合服务型政府建设的要求，在生态文明时代充分发挥政府生态服务职能显得尤为关键。

所谓政府生态服务职能，即政府在生态文明理念指引下，以深入落实可持续发展观为基础，在改善生态环境和生态治理中承担的职责和发挥的效能。结合当前生态文明背景下政府生态管理的理论与实践的发展，我们认为生态管理职能主要包含生态规划职能、生态调控职能、生态宣传教育职能、多元主体培育职能等多项职能。

（一）生态规划职能

科学系统的生态规划是生态环境保护与治理的起点，也是治理成功的根本保证。生态规划职能主要包含自然生态功能规划以及生态环境保护规划。伴随人类对自然界的认识逐步深化，区划的概念被提了出来。"区划是指对一定地理空间进行区域划分，它是以地域分异规律学说为理论基础，以地理空间为对象，按区划要素的空间分布特征，将研究目标划分为具有多级结构的区域单元。"①20 世纪 70 年代，环境问题的加剧和可持续发展的提出，生态功能区划被各国政府和环境管理科学等相关学科重视，生态功能区划也成为各国政府科学治理环境的重要依据。根据区域生态系统类型、生态环境敏感性、生态服务功能的空间分异规律以及生态区划的理论基础，将研究目标划分成不同生态功能区域。

区划的目的有 5 个方面：①明确对国家和区域生态安全具有重要影响的地区；②为我国生态保护与生态建设提供依据；③指导自然资源开发和产业合理布局，推动经济社会与生态环境保护的协调、健康发展；④作为制定重大经济技术政策、社会发展规划、经济发展计划的科学依据；⑤向环境管理部门和决策部门提供管理信息和管理手段。②我国地域广阔、地理差异性大，生态功能区划成为制定区域发展战略和产业布局计划，协调区域开发与生态环境保护的基础，为各级政府生态环境保护规划提供依据。以生态服务功能为基础，在重要生态功能区建立生态功能保护区，对维持国家生态安全，实现可持续发展具有举足轻重的意义。

生态规划职能还表现在生态保护规划上，针对生态危机的严峻性、生态功能恢复的长期性以及生态系统区域功能的差异性等因素，各级政府要分类制定生态环境保护与治理的规划。中央政府要在整合各地区具体生态保护规划的基础上，综合考虑国际环境形势，制定具有全局性、前瞻性、指导性的科学规划，用以指导中国生态环境治理实践。各地方政府必须考虑到本行政区域的自然生态状况，在局域环境影响评价的基础上，按照中央政府的统一要求，制定出适宜地方生态环境保护的具体规划。地方在进行微观规划时，要因地制宜，坚持科学严谨、脚踏实地的规划态度，保证规划的连续性和时效性。

（二）生态调控职能

生态调控职能体现为以政策调控、法律法规调控、制度调控和行政手段为主的宏观生态调控和以市场机制和经济杠杆调节为主的微观生态调控。政府宏观生态调控职能主要体现在制定各种法律法规，运用法律和行政手段调节生态环境保护与治理行动。中央政府综合考虑国内生态环境治理实际和社会经济发

---

① 冉东亚. 综合生态系统管理理论与实践——以中国西北地区土地退化防治为例［D］. 中国林业科学研究院，2005：64.

② 欧阳志云. 中国生态功能区划［J］. 中国勘察设计，2007（3）：70.

展水平等因素，综合生态环境治理的相关需求，以生态环境保护的宏观规划为依据，制定出符合中国生态环境特点、经济发展水平、人民需求的生态环境保护与治理的一系列政策。各地方政府根据各地的情况，在宏观政策的指引下，制定出符合本区域社会经济发展的环境保护政策。中央和地方生态环境治理政策体系的形成，是生态环境保护正常进行的保证，合理、有效的政策调控有助于国家对生态环境保护的基本国策的贯彻实施。政府具有完善法律法规、依法调控的职能。在生态环境保护活动中，各级政府要依据现行的生态法律法规实施调控。我国环境法律体系已趋于完善，生态环境保护专项法律日益增多。坚持污染防治与生态建设保护并重、坚持生态保护与生态建设并举等原则，依据生态环境保护的专项法律法规实施生态管理，做到有法可依、有法必依，执法必严，是保障政府生态治理成功的关键。政府除了通过法律法规建设和调控来控制人们的生态治理行为，还要依据相关制度维护调控职能，如生态环境信息公开制度、公众参与环境决策制度、公众参与环境监督制度等，引导、调节并保障社会公众参与生态环境治理。政府借助市场机制和经济杠杆实施微观调控职能，主要是利用市场手段对微观经济主体的生产和生活进行引导和调节，尽可能地提高环境资源的配置效率，避免生态损害或浪费现象的发生。通过明晰环境资源的使用权和补偿责任、建立生态要素价格制度、生态环境资源与经济的综合核算制度等手段，促进生态保护与经济建设的协调发展。

（三）生态宣传教育职能

政府生态调控职能能够干预和影响人的行为，但是不能根本改变人们对于生态环境保护与治理的态度。政府应该通过大力宣传生态知识，推动生态文化的普及，形成良好的生态文化氛围，从而唤起全民生态意识的觉醒和生态治理意识的不断提高，从根本上杜绝人们的生态破坏行为。全民生态意识的觉醒，是生态治理成功的思想保障。政府要通过各种宣传媒介大力宣传生态环境保护的基本国策，明确生态环境保护的基本方向，指导人们的生产和生活行为。要大力宣传生态保护与治理的相关知识，将生态知识教育要纳入到全民文化素质教育体系中来，突出重点，长期不懈。在各级各类学校课程的设置中，增加生态知识课程，通过系统的生态知识的教育，强化生态知识的影响效果，确保生态文明理念深入人心。

（四）多元主体培育职能

生态环境问题是制约中国社会政治经济持续发展的重要社会问题，生态环境问题的彻底解决需要全社会力量的共同协作。政府要全面引导社会公众参与环境管理，在多元主体生态治理能力低下之际，要肩负起多元主体培育职能。培养生态保护领域的社会自治能力，扩大公众生态治理参与是可持续发展的重要前提。欧美发达国家生态治理成功的实践证明，环保人士、环境保护组织的积极参与推动了环保事业的发展。中国环保 NGO 组织也在不断发展，但是整体上还比较薄弱，生态治理能力和参与程度较为低下；公民对于生态环境保护理念表示支持，但是生态保护治理行动滞后。因此，发挥政府培育职能，引导社会公众参与治理是政府生态服务职能的重要组成部分。政府可以建立公众参与的监督机制，通过相应的制度引导并培养社会的自治能力，引导公众生态治理行动。强化生态环境的公众监督，社会公众舆论和监督可以有效杜绝经济活动的外部性，及时纠正有害于生态环境保护的经济行为。政府应该加大对社会自治组织的支持力度，在自治组织注册及管理方面予以支持，从而保持公众的环保热情，扩大其生态治理的影响力。

三、完善政府职能，推进生态文明建设

生态文明理论内涵十分丰富，生态文明建设更是一项复杂的系统工程。我国的生态形势十分严峻，生态文明建设形势也不容乐观，我们必须重新审视和协调人与自然的关系，科学地探析生态文明发展的内在规律，着力探讨生态文明建设的现实路径，推动生态文明社会实现，实现人与自然和谐发展。生态文明建设需要社会多元力量共同合作协力推进，但是政府应该首当其冲地承担起生态文明建设的重任，政府应该充分地发挥生态服务职能，完善生态服务职能的基本体系，综合运用法律手段、经济手段和行政手段，提高管理和服务的水平与效能，在价值培育、制度保障等方面为生态文明的实现提供路径。

（一）加强生态宣传教育

生态文明意识是解决环境问题的思想基础，普及生态知识，提升全民的现代生态意识，是我国生态文明建设的关键。政府在思想上要实行源头控制，加大生态文明的理论宣传力度，大力宣传生态文明的理论，营造生态文明实现的价值基础。生态文明建设是我们的理想，在目前阶段对于生态文明的把握还不够清晰和深刻，缺少正确的理论导引，实践很难开展。因此，必须加强这方面的探索，鼓励学者积极探索和研究，力争早日建构起生态文明的指标体系，为实践描绘出清晰的蓝图。生态文明的实现，在目前的发展阶段上很难依靠人类的自觉行为来实现，由于人们对于生态文明的认识程度还很低，保护环境的行为还处于被动阶段，就需要我们综合运用各种手段，建立起联动机制，保障生态文明的实现。

党的十六大报告指出，坚持计划生育，保持环境和保护自然资源的基本国策，把可持续发展放在十分突出的地位。要进一步完善和落实有关环境管理的法律法规，并开展大规模的生态文明宣传教育，使生态文明成为每个公民自觉追求的目标。首先就要加强生态文明的教育工作，建议在义务教育阶段普及生态文明的知识和理论教育；在各类层级的学习和培训中加入和环境保护有关的知识，让环保和生态文明的培训理念伴随人的发展。按照生态文明建设的要求，创造良好的社会生活环境，形成以生态文化意识为主导的，尊重自然、爱护自然的社会氛围和社会道德观念，树立以文明、健康、科学、和谐生活方式为主导的社会风气，增强全民的生态忧患意识、参与意识和责任意识。其次，媒体在生态文明的宣传、生态文明观念的树立方面作用非凡，是有效的武器。要善于利用正确的媒体引导，增加媒体宣传生态文明的公益广告时间，让生态文明的宣传成为新闻舆论的必要组成部分，开发人与自然和谐共处的栏目，形成正确的媒体导向。再次，变革行政价值观，推进生态文明建设。生态文明观的确立，要求我们打破传统的价值观、伦理观和发展观，建立可持续发展的生态文明观。落实和推进生态文明社会建设的主要责任在政府或者政府相关部门，转变政府观念是推进生态文明实现的重要前提。只有转变政府的行政价值观，包括行政生态价值观、决策价值观在内的行政价值观的转变才可能真正贯彻生态文明理念。价值在政府决策上是一种前提，现代政府的许多重大决策常常涉及自然生态问题，关系到生态文明建设的成败。政府坚持和倡导生态优先、持续发展的价值理念，生态发展和生态决策的首要目标是保持自然生态发展的可持续性，基于人类的基本需要和生态协调发展的方式进行决策，摆脱自由市场经济或国家控制经济所追求的无限增长观念，只有这样，我们人类社会才可能持续发展，我们所赖以生存的环境与资源才能达到有效保护，生态文明理念才能变成现实，生态文明社会方能最终实现。

（二）完善生态调控职能

健全完善依法调控职能，保障生态文明建设。依法治理生态环境，属于调控职能的重要范畴。要保障生态文明建设顺利开展，在当前形势下，就应该强化生态环境的法制建设，发挥政府在生态立法和执法中的重要作用。生态文明建设涉及方方面面，要保障生态文明建设中政府功能和行为的合理化，就要加强法制建设，使生态文明建设有法律的依据。环境立法和环境执法是政府生态服务职能中的首要职能，它为政府依法实施生态环境治理提供了法律制度的保障。改革开放以来，我国已制定了一系列环境保护法律法规，其中环境保护法9部、自然资源法15部、行政法规50余部，地方性法规和地方规章1600多部，我国环境法律体系初步建立。但有些环境法规仍明显滞后于社会的发展，生态环境保护活动的专项法律法规建设进程缓慢。政府在环境行政立法上宏观指导性法律较多，而针对专项治理的法律法规匮乏。因此，应该完善生态法律制定体系，如增加生态环境保护的具体条款，并颁布实施细则。针对迫切需要解决的生态环境问题，要在制定宏观指导性法律法规的同时，制订专项法律及其实施细则等，使法律体系更加丰富与完善，增强法律的可操作性。如环境保护亟须的排污许可、机动车尾气、环境污染损害赔偿、环境监察、城市垃圾治理等方面的法规都需尽快制定。在环境执法上，加大执法力度，一方面要有法可依、有章可循；另一方面要执法必严、违法必究。坚决扭转以牺牲环境为代价，片面追求局部利益和暂时利益的倾向，严肃查处环境违法案件。制定和实施有助于生态文明建设的激励政策，通过完善和健全财税政策、价格政策等各种经济杠杆，促进节约能源和污染物减排工作，推动生态文明社会的实现。加快调整高耗能产品的进出口关税政策，限制高耗能产品出口，建立健全约束机制保障生态文明建设。

对于实现生态文明社会影响最为直接的是人们的生产和生活行为。在当前形势下，我国庞大的人口规模是造成人与自然冲突激烈的重要根源，控制人口数量，实施计划生育，对实现生态文明至关重要。面对人口威胁论和人权问题的挑衅，我们要理智对待，继续推行计划生育制度，控制人口增长，提高生存质量，是我们应对生态危机的正确选择，也是对于人类和自然界的贡献。倡导人与自然环境的相互依存、相互促进、共处共融，必须实现生产方式和生活方式的转变，推行绿色消费理念。转变生产方式，要求各种经济行为都要生态化，尤其是要加强生态工业、清洁生产、循环经济和环保产业建设，形成节约能源资源和保护生态环境的产业结构、增长方式，从粗放型增长模式，向增强可持续发展能力的模式转变；转变消费方式，以实用节约为原则，以适度消费为特征，追求基本生活需要的满足，崇尚精神和文化的享受。文明的生活方式就是生态化的生活方式，生态化的生活方式的核心内容是生态消费方式。在全社会树立适度消费、节约资源的生活理念，形成健康、文明、科学、和谐的生活方式，即在满足人的基本生存和发展需要的基础上的适度的、绿色的、全面的、可持续的消费方式。环境污染是经济发展外部性的突出表现，要从根本上解决环境问题，必须从主要用行政办法保护环境转变为综合运用法律、经济、技术和必要的行政办法解决环境问题。完善资源税制度，实行按储量征收资源税。尽快开征燃油税，实施对低油耗、低排量车辆的扶持政策，节约使用石油资源。目前采取适当的激励措施，对于保护环境、坚持生态文明的行为和个人，乃至部门给予物质和精神的激励，树立典型，开展榜样示范宣传，有助于形成良好的社会氛围；对于破坏生态文明建设的行为，必须采取行政和法律手段予以制止和惩戒，保障生态文明的实现。

（三）培育多元生态治理主体

生态文明社会的最终实现，归根结底离不开社会公众的共同努力。要使社会公众关注生态文明建设，扩大公众参与力度，逐步成为生态文明建设和实施的主体力量。各级政府要积极发挥组织协调功能，经常开展关于生态文明建设和生态环境保护的群众性活动，加深群众对生态文明的理解，发挥多元主体培育职能。目前，中国政府对生态环境保护以及生态文明建设活动的开展，仍是以政府作为治理主体，政府对生态治理活动的监督具有计划经济时期行政管理的特色，以行政强制性手段为主，对社会公众采取管制型调节方式。生态文明背景下，要求政府积极动员和调动社会力量参与治理，要求政府必须健全生态环境保护的监督网络。生态危机的日趋严重、生态文明社会的急切召唤，要求政府开创形式多样的生态文明活动，在公众生态文明意识相对淡薄的情况下，带动和吸引社会力量投入建设，发挥重要作用。政府要实行信息公开制度，实现信息共享，使公众有更多的机会了解生态文明建设的相关进展情况；公民应该享有平等的知情权；政府要拓宽参与渠道和开创灵活多样的参与方式，并通过运用信访、举报、听证等不同的监督体系手段，建立社会、舆论等多方面的监督体系，培养公众的监督管理能力，为其参与生态文明建设奠定基础；政府要建立更畅通快捷的监督渠道，如通过"市长热线""网上举报""公众建议意见箱"等方式，加强公众与政府部门的互动，使公众逐步参与到生态文明建设中来。大力开展生态创建活动，认真做好各级各类生态示范区工作，在建设过程中激发群众的参与热情，如生态省、生态市、生态乡镇、生态村以及绿色社区、绿色企业、绿色学校直至绿色家庭创建活动。

（四）深化生态行政体制改革

生态文明社会的打造需要与之对应的生态化的管理机制和组织体系，政府生态服务职能的实现同样需要强有力的组织保障。加强政府生态行政管理体制改革，打破条块分割的生态治理体制，有助于政府生态体制的自我调整与创新，更有助于生态环境的改善与生态文明社会的实现。目前，我国生态环境治理实行条块结合的管理模式，具体表现在政府各部门之间的权责关系条块划分，如林业部门主管森林资源的保护与建设；水利部门侧重于水污染防治等功能。不同部门在生态文明建设与生态保护行为上步调并不完全一致，形成了环保部门"生态优先"，"协调发展"，某些经济部门"发展优先""生态滞后"的内部损耗现象。政府生态治理中的条块管理是按地方行政区划为准，将生态功能区刚性划分，对于生态功能整体保护造成消极的影响。政府要加大生态行政管理体制改革力度，建立健全生态环境、生态文明建设的综合决策系统，特别是对于条块分割式的管理体制，要结合生态文明建设的基本要求以及生态功能维护的需要进行必要的改革和整合。要尽快修订和完善《环境保护法》，明确界定环境产权；并建立独立的不受行政区划限制的专门环境资源管理机构，打破生态环境治理和生态文明建设中的行政壁垒，克服生态治理中的"地方保护主义"行为。生态环境保护的长期性、生态文明建设的长期性、任务的艰巨性需要有专门的机构负责统筹规划和管理，要结合实际需要进行行政组织体系的调整和完善，对生态环境保护情况、生态文明建设情况实行依法监督与管理。

（五）健全生态责任追究机制

生态文明建设具有长期性、复杂性的特点，生态文明建设涉及多元利益主体的利益冲突，对于生态文明建设过程中的责任追究机制建设十分必要。首先，要建立完善清晰的生态文明建设的目标责任机制。在我国，政府的环境保护责任主要体现在政府环保目标责任制上，将环境保护目标实现情况作为环境保护行政部门的考评依据。但由于环境保护量化目标难以确定，使考核缺乏量化指标，考核力度不够或流于形式，政府生态服务职能发挥不充分，生态保护目标责任并没有完全落实。生态文明社会建设，要求我们建立起生态服务责任追究机制，政府生态文明建设职能要在具体而严格的规范中开展，尽量通过生态文明理论与技术体系的完善，建立起量化分析的生态文明建设目标，依据目标实现状况追究相关责任。其次，是在生态服务、生态文明建设中，建立健全违反职能规定、产生不良影响的责任追究机制。健全的生态责任追究制度，不仅标示着生态文明建设体系成熟的程度，而且是生态保护和生态文明实现的刚性保障。长期以来，我国生态环境破坏严重、生态环境保护治理效率低下的重要原因在于缺少必要的生态责任追究机制，对于损坏环境的群众行为和行政行为缺乏制约，牺牲环境换取经济利益和政绩的现象屡禁不止。在建立健全与现阶段生态文明建设相适宜的环境法规、政策、标准和技术体系的基础上，增强生态文明建设、环境保护管理中责任追究制度，对于生态文明建设决策失误情况予以追究，追究行政责任，甚至是刑事责任，保证生态文明决策的正确性。具体表现在对于生态文明建设中的行政决策失误追究行政首长责任，在进行生态文明建设和生态环境保护的决策时，进一步强化行政首长负责制，引入决策失误的追究机制，行政首长要承担决策风险责任和决策失误责任。这样，行政首长在决策时，就会采取更民主、更科学的决策方法，也会关注决策付诸实际的执行效果，从源头上杜绝因行政领导决策失误造成的生态环境破坏行为和生态文明建设的抑制行为。与此同时，加大对违法超标排污企业的处罚力度，追究其环境污染和破坏行为责任，严惩环境违法行为。认真实施有关法律，加大执法和监督检查力度，对破坏环境、干扰生态文明社会建设的个人行为也要追究其责任。

（六）建立生态危机管理职能

生态文明理念是基于人与自然矛盾不断加剧、生态环境危机严峻的现实提出的，对于生态文明社会的最终实现，也要依赖于化解人与自然冲突、控制生态危机事件的发生、减少生态危机造成的社会损失的生态危机管理职能的有效发挥。生态危机管理职能包括生态安全监控系统、生态危机预警系统、生态危机应急系统和生态危机救治系统。要建立生态突发事件的管理机制，建立包括监测、预报、评估、防灾、抗灾、救灾、安置与新建的系统的生态危机应急机制。通过生态安全和生态文明的教育宣传，增强政府和社会公众对于生态危机事件的监控和预警责任，及时发现洞察可能发生的生态危机，采取措施积极防控，加强国家生态安全的预警系统的建设与实施。建立专门的生态危机救治体系，对于已经发生的生态危机事件进行及时、高效的救治，形成从中央到地方、从政府到企业的社会公众救治体系，调动一切力量来减少生态危机造成的损失。

第二章 中国生态治理模式的历史发展

生态环境保护与治理一直是中国政府职能的重要组成部分，政府治理模式的转变很大程度上影响着中国生态环境的保护与治理状况。中国生态环境保护与治理历程，具体体现为政府全能控制型治理向政府管制型治理模式的演进与发展。

第一节 中国政府治理模式的历史发展

从新中国成立到改革开放之前的很长一段时间，中国政府对于国家和社会治理领域实行全能控制型治理模式。这种模式具体体现为中国共产党和政府共同执掌国家的权力，在政治、经济社会领域实行全权管理，市场机制尚未建立，社会自组织体系十分薄弱，党和政府发挥社会治理职能，党政不分现象十分严重。对于生态环境的保护与治理是以中国共产党和国家的基本决策为依据，采取计划方式进行治理，与党和政府对生态治理的认识程度紧密相连，具体表现为生态环境治理从放任到起步的发展。

一、治理模式含义的理论探讨

关于治理模式，至今还没有统一的定义，因其作用的领域不同而被采取不同的描述方式。真正将治理模式作为一个明确的研究对象，并不是从社会或政府治理开始，而首先是从公司治理发端。在公司治理中，"一般认为，治理模式包括治理主体、治理客体、治理结构、治理机制等内容，是内部治理与外部治理的融合，治理方法、治理过程、治理目标与治理结果的统一。治理的主体是指组织由谁治理、谁参与治理的问题。治理的客体是指治理需要解决的问题。治理结构和治理机制都包括内部和外部两个方面。内部治理结构主要是界定管理者与出资者、内部人（管理层和控制性出资者）与外部人的关系，而内部治理机制则包含出资者权力及维护、董事会（理事会）的作用、责任与构成、高管激励等内容。外部治理则由法律和政治途径、产品和要素市场竞争、公司控制权市场、声誉市场等组成。"[①]

在政治体系中，学者们更倾向于从历史背景、治理目标、权力机制进行探讨。治理模式是指在既定的历史背景下，为实现特定目标而选择的政府管理社会的权力与权利结构以及运行机制。这一概念包含三个方面的要素[②]：①既定的历史背景。这是治理的起点，也是治理的约束条件。强调历史背景是讨论治理模式时所必须考虑到的因素，否则抽象地谈论某种治理模式是毫无意义的。②特定的目标。相对于其他性质的政治现象而言，政府治理具有强烈的目的性与选择性。对于任何一种治理结构，存在着多种可能的评价标准。脱离各种标准来谈论模式的优劣，是毫无意义的。而在研究的过程中，必须对某些标准予以舍弃，而强调其中的一些标准，并对这些标准加以提炼，从而构成研究的基本维度。③权力与权利结构以及运行机制。描述一种治理模式，最基本的要素是权力与权利结构，这构成了区分各种治理模式的基本标准。

在社会公共事务治理中，则注重政府与其他社会主体之间的权责关系。公共管理的五个模式，从主体间关系以及各主体所承担的角色（作用），可以把公共管理分为以政府为本位、民众和非政府公共组织依附于政府的三种政府管理模式，即政府管理的集权化模式、民主化模式、社会化模式；以社会为本位，政府、民众和非政府公共组织平等合作的两种社会治理模式，即社会治理的自主化模式、多中心模式。[③]

本书研究的治理模式既不是单一的政府治理，也不是以营利为目的的公司治理，而是集中对生态环境这一公共问题治理模式的探讨，主要是指为了实现生态环境的有效治理，政府与其他治理主体之间的权责结构和相互关系、权力运行机制及外在影响机制等在内的完整的框架体系，具体体现为生态环境治理主体的构成及其发挥治理功能的方式方法，以及治理的基础和治理过程中的权力运行方式等。

[①] 陈丹镝. 基于一个三维视角的医院治理模式研究 [D]. 四川大学经济学院，2006：16.

[②] 转引自王浦劬，李风华. 中国治理模式导言 [J]. 湖南师范大学社会科学学报，2005 (5)：43.

[③] 陈庆云，鄞益奋，曾军荣，刘小康. 公共管理理论研究：概念、视角与模式 [J]. 中国行政管理，2005 (3)：17.

二、中国政府治理模式的演进

中国政府治理模式的选择与变迁，是同中国社会政治经济文化领域发展的基本状况和历史背景紧密相连的，中国政府治理模式也经历了政府全能控制型治理向政府管制型治理的演进。

（一）全能控制型政府治理模式

由于中国封建社会形成的集权型传统政治文化的根深蒂固，加之新中国成立初期，受苏联模式影响较深，使得新中国成立便沿袭和继承了传统的单一制国家结构形式，形成了中央高度集权的政治体制，与此相关的政府治理模式就采取了政府全能控制型治理模式。政府全能控制治理的基本特点为政府是治理的唯一权力主体，治理决策表现为政府贯彻党和国家的意志。全能控制型管理模式表现为权利的高度集中，政府牢牢锁定国家权力，在中央政府与地方政府的权力关系中，中央政府垄断控制权。这一时期，在社会治理中，由于还存在诸多的不稳定因素，政府便强化对社会的控制与管理，对民间社会组织采取限制发展的策略，不容许其参与政治管理；在公共事物供给与治理中，国家垄断权力现象依然是主要模式，国家掌控权利，压制市场或民间组织的经济参与，全部社会资源几乎都由国家和政府全能主管，对于公共事物的供给和治理也由政府独自承担。治理主体的单一化，即所有权力集中于唯一的权力机构，是改革开放前中国政治的主要特征之一。这种一元的治理体制源于"党的一元化领导"体制。在这种体制下，治理的主体只有一个。这个唯一的权力机构，在"文化大革命"期间是各级革命委员会，其他时期则是各级党委或党支部。这个唯一的治理主体不仅管理着国家的政治和行政事务，也管理着全部社会事务和经济事务。一元治理体制的最大弊端是导致政治上的专权和管理上的低效，扼杀人们的创造性和自主性。① 一元制的政治体制导致在公共事物治理中采用政府全能控制型的治理模式，政府依照党和国家的意志集中管理。在传统的行政管理体制下，中国政府长期扮演着"全能政府"的角色。它突出表现为政府对整个社会治理采取的大包大揽：在经济领域，国家实行高度集中的计划经济，承担着配置社会资源的职责，各种生产任务都由国家下达指令性计划进行控制；在社会领域，实行严格的行政控制，抑制了社会参与；在文化领域，也

---

① 俞可平. 中国治理变迁 30 年（1978—2008）[J]. 吉林大学社会科学学报，2008（3）：7.

是由国家出资兴办各种文化事业。

（二）政府管制型治理模式

1978 年，以邓小平同志为核心的第二代中央领导集体提出了改革开放的总方针，由计划经济体制向市场经济体制转变，成为中国社会理论与现实最强劲的改革动因。在市场经济条件下，市场成为社会资源有效配置的主体，原有的全能型政府治理模式出现危机，行政体制的现代化改革正式启动。20 世纪 80 年代以来，西方国家相继掀起了治道变革的浪潮。新公共管理和新公共行政理论的兴起，政府管理模式的变革应运而生。受市场经济体制和国际社会治理变革以及中国实际政治社会发展状况的三维影响，中国政府开始重新探索国家和社会公共事务的管理模式，政府管制型治理模式成为这一时期的主要模式。政府管制型治理是指政府作为公共利益的主要提供者，政府掌握权威，依据法律、政策等规制性手段对其他社会主体的行为进行约束限制和干预控制，从而实现和维护公共利益的治理模式。较之全能型政府治理，政府管制型治理模式逐步降低了对经济生活的干预和控制程度，全能政府向有限政府转型。市场经济催生了利益主体的多元分化，社会群体和非政府组织逐渐生成自己的利益要求。为了适应经济体制的变革，这一阶段，我国政府机构进行了几次大规模的行政体制改革。历次政府机构改革，主要是基于应对市场经济体制而进行的选择和革新，但是，在此过程中，政府不断地向市场和社会分权，从全能控制向政府管制模式转型。

第二节　中国生态治理模式的演进

一直以来，中国政府在生态环境治理中扮演着重要的角色，承担着主要的职责，中国生态治理模式的演进与中国政府治理模式的转变与发展密切相关。伴随着政府治理模式从控制型向管制型的发展，中国生态治理模式也体现为政府控制型生态治理和政府管制型的生态治理。在当前的形势下，是以政府管制型治理为主。

一、政府控制型生态治理

1949 年通过的《中国人民政治协商会议共同纲领》中，首次提出了"保护森林、有计划地发展林业"等关于自然资源保护的内容。1954 年，新中国第一部宪法地也明确规定了"矿藏、水流，由法律规定为国有的森林、荒地和其他资源，都属于全民所有"。尽管在 1956 年建立了广东鼎湖山自然保护区，对于生物多样性服务功能的保护迈出了关键性的第一步。但是很快，这一时期的国家和政府对于环境保护的认识就被熔化在政治和经济生产的狂热化状态里了，在环境保护方面行政的不作为和放任加剧了我国生态环境的破坏程度。20 世纪50 年代，刚刚成立的新中国开始了工业化建设，工业化大生产所带来的生态资源系统的破坏也随之出现。这一时期的中国社会，可以用狂热一词来定义，对于环境的破坏也始于人类狂热化的经济生产行为，"大跃进""大炼钢铁""以粮为纲"成为这一时期的主导思想，对于自然资源的破坏也是疯狂和不计后果的。在这段历史时期，对于自然保护区的治理刚萌芽就遭到了破坏和中断，没有建立起新的保护区，正待建立和完善的管理体系遭到了削弱，生态资源保护工作停滞不前。

在生态环境治理与生态资源保护的进程中，政府垄断了几乎全部的生态资源，生态资源全部属于国有资产，政府依靠计划和行政命令、行政划拨等强制性手段来最大限度地调动全部生态资源、社会资源，推动社会的发展。这一阶段的中国生态环境治理从放任到起步，治理效率十分低下。全能控制型治理模式，压制了社会力量的介入，加之政治系统本身还存在不成熟和决策失误的状况，这一时期人们对于生态环境问题、生态资源保护缺乏认识，生态环境破坏行动肆无忌惮，这一阶段生态功能区的治理基本上处于放任阶段，治理效率十分低下。

20 世纪 70 年代，我国政府开始关注生态环境保护问题，开始摸索建设生态治理的政策体系，这一阶段虽然没有明确生态系统服务功能保护的理念，但是对于生态功能区的生态功能维护和治理实践初露端倪。1972 年 6 月，我国政府派代表团参加了联合国在斯德哥尔摩召开的人类环境会议，会议的成功举办让中国政府了解了世界的环境状况，深化了对中国生态环境问题严重性的认识。几乎同时，针对北京市主要水源地——官厅水库的污染情况，国家计委、建委等部门联合提出了《关于官厅水库污染情况和解决意见的报告》，建议采取紧急措施进行治理，国务院批转同意该报告的建议，这也标志中国政府生态治理实践迈出了第一步。1973 年，农林部召开了全国环境保护会议，会上讨论了自然保护区的建设问题。对自然保护区的恢复、建设起到推动作用。1973 年 8 月，第一次全国环境保护会议在北京召开，会议审议通过了《关于保护和改善环境的若干规定》，这是我国第一个全国性环境保护文件。确定了"全面规划，合理布局，综合利用，化害为利，依靠群众，大家动手，保护环境，造福人民"的 32 字环境保护方针，后经国务院以"国发〔1973〕158 号"文批转全国，标志着中国环境保护工作提上议事日程，为我国环境保护事业奠定基础。此后一段时期内，我国的环境保护工作更多注重污染治理和预防。1977年，国家计委、建委、国务院环境保护小组联合开展关于治理工业"三废"的活动，减少人类对自然生态环境的破坏。而这一时期，关于生态保护和生态系统服务功能的保护工作并未得到足够的重视。由于生态环境问题治理缺少系统性、整体性的认识，生态保护的速度仍然落后于大工业生产带来的生态资源破坏的速度，中国的生态问题依然不容乐观。但是，这一时期的生态环境保护与治理开始尝试依法治理。

二、政府管制型生态治理

从 1978 年改革开放到 20 世纪末的二十多年里，伴随着中国改革开放政策的实施，经济和政治领域开始复苏，市场经济建设起航，对于资源与环境的需求加大，生态危机严峻，生态保护工作逐渐得到了关注。市场经济的建立和发展，结束了我国计划经济时代全能型的政府治理模式，取而代之的管制型政府治理模式，对于生态环境治理展开了大量的工作。1978 年后，有关资源保护和生态建设相关的立法工作加速，《环境保护法》《中国自然保护纲要》等相关的法律法规陆续出台，真正拉开了生态环境法治化治理的序幕。1978 年 3 月，我国首次将"国家保护环境和自然资源"的条款引入国家的根本大法《宪法》之中。1979 年 9 月 13 日，《中华人民共和国环境保护法（试行）》颁布并予以实施。它是中国环境保护的基本法，标志中国环境保护进入有法可依的时代。1980 年 4 月，林业部等部委下达了《关于自然保护区管理、区划和科学考察工作的通知》，召开了"全国自然保护区区划工作会议"，并在全国农业自然资源调查和农业区划委员会下成立自然保护区区划专业组，各省、自治区、直辖市也相继成立了自然保护区区划小组，保护区数量、面积迅速增加和扩大。1982 年修订的《中华人民共和国宪法》丰富了资源和环境保护的内容，进一步规定了"国家保护和改善生活环境和生态环境，防治污染和其他公害"。由于生态环境治理经验的缺乏，对于生态问题的严重性和长期性认识不足，这一时期的生态环境治理表现出"头痛医头、脚痛医脚"的应急式治理的特点。由于对环境保护认识缺乏系统性的认识，中国的生态环境形势依然严峻。

20 世纪 80 年代以来，中国政府开始重视对生态环境保护与建设工作，特别是制定和出台了关于生态环境保护的相关制度。这些制度的制定，目的在于约束和规范人们的生产和生活行为，避免对生态环境和生态功能区造成环境污染和生态破坏；对于有可能造成环境破坏的行为予以制止或是采取惩罚措施。1983 年 12 月 31 日至 1984 年 1 月 7 日，第二次全国环境保护会议召开，会议明确提出了"环境保护是我国的一项基本国策"，提出了"三同步""三统一"的方针，提出了到 2000 年，力争全国环境污染问题基本得到解决的目标。1989 年 4 月，第三次全国环境保护会议将重点放在环境保护的制度建设上，开始了中国特色的环境保护道路。制定了环境保护的排污收费制度、项目建设以及区域性开发建设中的污染治理设施必须与主体工程同时设计、同时施工、同时投产的制度，即"三同时"制度；排污申报登记制度及排污许可证制度、污染集中控制制度、限期治理制度、环境目标责任制制度、城市环境综合整治定量考核制度、环境影响评价制度等八项管理制度，奠定了生态环境保护与管理的制度基础。

20 世纪 90 年代以来，综合生态系统管理的思想对中国生态环境治理产生了广泛而深远的影响，相继启动了三北防护林、长江防护林、沿海防护林等大型生态建设工程，生态建设工作开始起步。关于生态功能保护，土地、河流等生态功能恢复的研究在环境科学领域备受关注。特别是 1994 年，国家发布了《自然保护区条例》以后，我国自然保护区建设工作开始步入正轨，稳步发展。中国政府积极致力于生态环境保护的国际行动，积极签署了《联合国防治荒漠化公约》《生物多样性公约》《气候变化框架公约》等生态保护性的国际条例，与国际社会携手，为改善人类生存环境，特别是为中国生态保护工作的深入开展奠定了坚实的基础。1996 年 7 月，中国环境保护第四次会议召开，明确了中国生态保护与污染防治并举的环境保护工作方向。1997、1998 年召开的中央计划生育与环境保护工作座谈会，确立了生态保护与污染防治并重的环境保护工作方针，提出了生态环境保护与建设的目标，中国环境保护由污染防治为主转向污染防治与生态保护并重的新的历史发展阶段。1998 年的特大洪水对中国人民的生命财产造成了重大的损失，对中国社会的经济发展造成了极大的影响，也使人们反思人与自然的关系、开展生态环境保护的意识和决心进一步增强。随后，国家发布了《全国生态建设规划》，明确了中国生态保护、生态建设的奋斗目标、总体布局和政策措施。提出了到 2010 年，坚决控制住由于人为因素产生新的水土流失，努力遏制荒漠化发展的近期目标。并对生态农业、天然林等自然资源保护、植树种草、水土保持、防治荒漠化草原建设等明确提出了生态保护战略，国家陆续开展了退耕还林（草）、天然林资源保护等重大工程。

2000 年以来，生态保护工作进入全面快速的发展阶段，中国生态环境保护开始从单要素保护向生态系统保护发展。2000 年国务院印发了《全国生态环境保护纲要》，明确提出了对重要的生态功能保护区进行抢救性保护、对重点资源开发区进行强制性保护、对生态良好区进行积极性保护的"三区"生态保护战略，注重生态系统的服务功能保护与治理成为这一时期的重要任务。标志着中国生态环境保护与治理工作进入了新的发展阶段，生态环境治理也从原来的点状治理、局部治理步入到系统治理、科学治理的新阶段。党的十六届六中全会把加强生态保护和建设作为实施可持续发展战略、构建和谐社会、建设资源节约型和环境友好型社会的重要内容。2005 年，国务院颁布《关于落实科学发展观，加强环境保护的决定》；第六次全国环保大会于 2006 年 4 月胜利召开，标志着中国生态保护工作进入全面快速的发展时期。

第三节　政府管制型生态治理模式的特点

中国生态环境的治理，经历了从牺牲生态求发展到逐渐重视生态保护、从生态环境的点状治理到生物多样性保护、从单纯的生态开发与生态建设到全面系统修复生态功能的过程。与此相伴的是中国政府对于生态环境保护孜孜不倦的探索过程，目前，政府管制型治理是中国生态环境政府治理的主要模式。生态环境政府管制型治理具体体现为政府及其环境保护部门、相关行政部门构成生态环境治理的主体，主要运用政策、法律等手段对其他社会主体的生产和生活行为进行干预和调节，从而对生态环境进行保护与治理。较之控制型治理，管制型治理的不同之处在于政府引入了市场机制来依法进行治理。

一、治理主体相对单一

中国政府及其相关的行政主管部门是生态环境治理的合法主体，而其他的社会组织、公民在生态环境保护中的地位尚未明确规定。因此，在目前的生态环境保护与治理过程中，政府及其相关行政主管部门构成了合法的主体，始终处于主导地位，对生态环境保护与生态建设实行统一的管理。按照《中华人民共和国环境保护法》的相关规定，国务院环境保护行政主管部门对全国环境保护工作实施统一的监督管理。该法进一步明确规定：各级人民政府对具有代表性的各种类型的自然生态系统区域，珍稀、濒危的野生动植物自然分布区域，重要的水源涵养区域，具有重大科学文化价值的地质构造、著名的溶洞和化石分布区、冰川、火山、温泉等自然遗迹，以及人文遗迹、古树名木，应当采取措施加以保护，严禁破坏。各级人民政府应防治土地沙化、盐渍化、贫瘠化、沼泽化、地面沉降和防治植被破坏、水土流失、水源枯竭、种源灭绝以及其他生态失调现象的发生和发展。①

生态环境保护与管理主体由各级政府及其环境保护部门、林业部门、农业部门等相关组织构成。管理主体是来自于政府系统的行政组织，行政组织的权威性、强制性、公共性构成了其主体的特点。国务院是中央人民政府，是生态环境保护治理的最高领导和决策机构，决定生态保护治理的方向。国家环境保护部是国务院下设的环境保护行政主管部门，对全国生态功能区治理实施统一的监督管理，各级地方政府对所辖区域内的生态环境进行具体的管理。

二、政府处于主导地位

《中华人民共和国环境保护法》明确规定，国务院环境保护行政主管部门对全国环境保护工作实施统一的监督管理。在生态环境的治理过程中，政府始终处于主导地位，政府依靠强制权威进行管理，政府几乎包揽了生态环境治理的规划者、决策者、实施者和监督者等全部重要的角色。如在预防沙漠化活动中，本着预防和治理土地沙化的目的，《防沙治沙法》第十四条明确规定了预防土地沙化的基本原则，规定国务院林业行政主管部门组织及其他有关行政主管部门依法对全国土地沙化情况进行监测、统计和分析，并要求定期公布监测结果。中国各级政府肩负和行使生态环境治理职能，对所辖区域生态环境质量全权负责。尽管在经济和社会领域的管理过程中，政府放权成为必然，但是在生态环境的治理中，由于生态环境治理的公共性，环境保护组织不发达等因素，政府仍然实际地掌控着中国生态环境治理的整个过程。从生态环境政策到生态治理的具体行动，再到生态环境治理效果的监督，政府处于主导地位。

---

① 许莲英，罗吉，王小钢. 我国重点生态区保护立法问题探讨 [A]. 重庆：林业、森林与野生动植物资源保护法制建设——2004 年中国环境资源法学研讨会（年会）论文集 [C]：858.

三、行政强制性治理手段

政府有权依法对破坏生态环境的组织或个人，以及拒绝履行相应的生态责任的主体给予相应的行政处罚。环境主管部门的环境监察机构有权依法进行环境监察，检查和制止保护区内破坏生态环境、致使生态功能退化的行为，组织和敦促企业和社会公众进行生态恢复和生态重建工作。但是，政府及其环境保护部门主要依靠行政手段对企业和社会公众实施管制，用法律政策约束和调节其生产和生活行为，从而实现生态环境保护的目的。

行政手段以国家行政权力为禀赋，在生态环境治理过程中重点发挥统筹规划、宏观指导、决策实施、监督管理等职能，依靠行政权力，采取行政干预、行政制约、行政调节等手段实现生态环境的保护与治理。中国生态环境的保护与治理中，政府的作用主要反映在两个方面：一是政府制定和出台相应的政策规制，为生态保护治理提供依据；二是政府在实施治理政策中，大量使用行政控制手段，对其他社会主体实施监管。行政工具，如规章制度的限制，对特定行为的限制或规范。同时，法律手段因为具有十足的刚性与强制性，是政府有效发挥职能的重要的手段。法律手段是指在生态环境保护与治理中，政府要以国家宪法和环境保护的相关法律为准绳，依法治理。

在生态环境保护与治理中，启用了市场手段，但是由于市场机制的不健全，政府对于市场机制进行了干预和调节。利用市场调节机制一般采取的方法是减少补贴，征收环境税，收取生态资源使用费，采用押金—返还制度。可交易的排污许可证制度是一种基于市场激励的重要生态资源管理手段。为了减小环境污染的负外部性，政府运用市场机制调节企业的生产和经营行为，对排放污染物超过国家规定标准和不符合生态功能区可持续发展的单位进行征税，优化税收征管机制；对发展循环经济和单位进行减税或者给予补贴。如在生态功能区管理中，政府环保部门依据环境容量制定相关的环境标准，对可能严重污染和破坏生态环境的企业限期整改，如不整改就可以对其进行行政罚款，甚至是勒令停产、转产或强制其从生态功能区搬出。

四、运动式、应急式治理方式

由于缺乏生态环境治理的总体规划，政府管制型治理模式下，生态保护与治理以运动式、应急式治理居多。如针对森林资源储备下降、水土流失严重等现象，中国政府组织开展大规模、轰轰烈烈的植树造林活动；针对大江大河洪水泛滥等灾害频繁发生，以政府投入为主要动力进行大江大河治理活动。1996年，在全国推行"总量控制"和"跨世纪绿色工程"两大举措。在中国共产党和政府的高度重视下，积极开展了大规模的植树造林、水土保护、防治沙化荒漠化和治理环境污染等保护与改善生态环境的群众性活动，加大了生态环境建设力度。党中央、国务院高度重视生态环境保护工作，采取了一系列保护和改善生态环境的重大举措，中国生态环境保护表现出大规模的运动式和应急式治理的特点。开展京、津风沙源治理工程，全面实施长江、黄河上中游水土保持重点防治工程；推进植树造林、水土保持、草原建设和国土整治等重点生态工程建设进展；生态农业试点示范、生态示范区建设稳步发展；建立了一大批不同类型的自然保护区、风景名胜区和森林公园；特别是对重点地区实施天然林资源保护和退耕还林还草工程、湿地保护工程开始实施；大规模环境保护运动轰轰烈烈开展。天然林资源保护工程是党中央、国务院针对中国天然林资源开发利用和破坏现状，着眼于经济与社会可持续发展全局作出的一项重大决策。天然林资源保护工程对有效保护森林资源，从根本上治理重点地区水土流失、土地荒漠化等生态环境问题具有重大意义，保障我国大江大河中、上游地区生态功能的保护与恢复工作的顺利开展。为了减少水土流失，减轻风沙灾害，保护和改善生态环境，党中央、国务院进一步展开退耕还林工程，有计划、有步骤地将水土流失严重的耕地以及沙化、盐碱化、石漠化严重的耕地和粮食产量较低、产量不稳的耕地停止耕种，因地制宜地造林种草，恢复植被。进一步调整农村产业结构，促使农民收入增加，在减少生态环境和耕地破坏的前提下，促进地方经济社会的可持续发展。

五、条块分割式的管理体制

中国生态环境治理实行多层次、多部门的管理体制，各级环境管理机构形成了条块分割、层次复杂的治理体系。在国务院和国家环境保护部的统一领导下，各级环境主管行政部门与各级人民政府具体负责本辖区的生态治理工作，其他相关的部门会同管理。国家环境保护部门禀赋着国家和政府的授权，依据国家的环境保护相关法律、方针、政策，实际主导着各个区域的生态环境治理。国家农业部、林业部、水利部、国家海洋局等行政主管部门，依照有关法律对相关领域的生态环境治理行为实施监督和管理。地方各级政府通过其主管的环境行政管理部门，对本辖区的生态环境保护工作实施统一的、具体的监督和管理。各省、市、县级人民政府，对所管辖行政区内的生态资源与生态环境负责管辖与治理，对于破坏生态和危害生态服务功能的社会经济行为拥有行政处罚权。县级以上的地方环境保护行政主管部门，如省级环境保护局，贯彻和落实国家关于生态环境保护与治理的重大方针，对本行政区内的生态资源保护与生态建设治理工作实施统一的监督和管理。拟订全省的生态环境治理政策和方案；组织编制省环境功能区划；监督对全省生态功能维护、生态资源保护有重大影响的自然资源开发和利用活动；监督检查辖区内与环境保护相关各种类型生产和生活行为；负责重要生态功能区建设和生态功能恢复工作；负责代表省级人民政府拟订国家级生态功能保护区的申报书面材料及相关工作。

六、权力单向运行缺少回应

在政府管制型治理模式下，生态环境保护与管理权力从政府系统向社会系统自上而下的单向运作，政府制定政策、规章，通过指挥、协调、组织等手段将行政意图传递给社会组织、企业和社会公众，社会公众接受和服从政府的统一安排和规划，贯彻政府关于环境保护的重大决定。政府管制型治理模式，权力运作是自上而下地从政府及其环境保护部门、相关行政部门单向流入公民社会，发挥生态环境保护与治理功能。社会公众和社会组织系统被动地执行和实施，缺少社会系统的反馈和交流机制，更缺少生态环境管理权限下放。也就是说，政府管制型治理模式下，政府是生态环境保护与管理的权力核心，社会系统缺少话语权和参与治理权，缺乏权利回应机制。如图 2-1 所示。

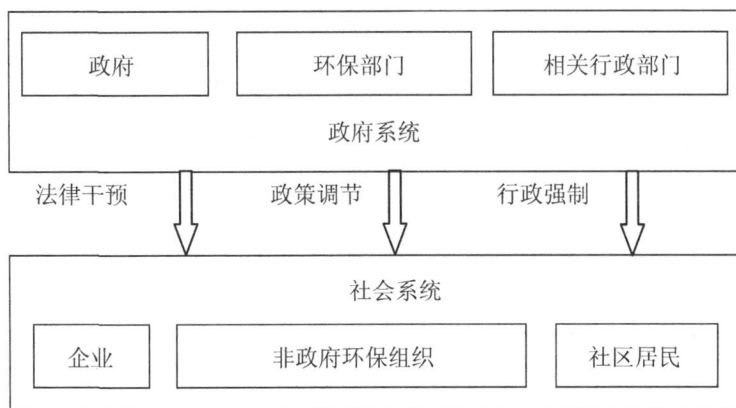

图 2-1　生态环境政府管制型治理模式

政府管制型治理模式，一方面，表明中国政府对于生态环境保护治理的高度重视和强烈的责任意识；另一方面，生态系统持续恶化的现实日益暴露出政府管制型治理模式的弊端。生态功能区生态环境恶化的形势依然严峻，一些重要的生态功能区已由结构性破坏恶化为功能性破坏，生态系统的生态服务功能正逐步衰退甚至濒临丧失。政府管制型治理模式蕴含的治理体制破碎、治理方式僵化、治理手段强制等因素抑制了其他利益主体参与治理的积极性，造成生态市场治理失灵、社会治理不足，管制型治理模式正面临着来自生态环境保护要求和社会参与生态建设需求日益强烈的双重挑战。

第三章 政府管制型生态治理的现状分析

保护生态环境是中国政府的重要职责所在,伴随着生态文明理念的提出和中国生态环境保护意识的不断增强,生态环境保护实践日趋深入,治理更加科学,特别是借鉴和引进综合生态系统管理理论与方法,生态功能区综合治理、生态系统服务功能维护工作大幅度的开展。党和政府在大力发展经济的同时,十分重视生态建设和环境保护,陆续开展了大规模的植树造林、水土保持、防沙治沙、草原建设和水利工程等生态建设,整治国土,取得了令人瞩目的成就。生态文明理念推动政府生态治理开展的同时,也对政府生态治理提出了更高的要求。生态文明背景下,审视中国政府管制型治理取得的成就与存在的不足,对于完善政府生态治理,推进生态文明建设具有良好的互动效应。

第一节 政府生态治理的理论基础

综合生态系统管理是目前国际和国外新兴的管理方式,综合生态系统管理突出体现出资源和环境管理中的系统观和整体观。20世纪90年代末兴起的系统生态管理旨在动员全社会的力量优化系统功能,变企业产品价值导向为社会服务功能导向,化环境行为为企业、政府、民众的联合行为,将内部的技术、体制、文化与外部的资源、环境、政策融为一体,使资源得以高效利用,社会经济持续发展。此时的生态管理为解决国家、地区及部门重大生态环境问题提供决策支持、科学依据和管理方法。[①] 步入21世纪,综合生态系统管理思想日益成为指导中国生态环境保护治理的基本理论。

---

① 王如松. 资源、环境与产业转型的复合生态管理 [J]. 系统工程理论与实践,2003 (2):33~34.

一、综合生态系统管理思想溯源

综合生态系统管理的最终目的在于保护自然资本、长期保护生态系统和生态过程，以持续的方式利用和收获资源，特别重视认识和保护传统知识的重要性。所关注的是符合区域总体利益的生态系统、生态过程及其资源的综合利用。综合生态系统管理最本质的特征是系统的概念，以及组成系统要素和要素之间的联系。综合生态系统管理特别强调人类是生态系统的有机组成部分。[①]

"生态系统服务功能是指生态系统与生态过程所形成及维持的人类赖以生存的自然环境条件与效用。"[②] 对生态系统的关注由来已久，早在古希腊时期，柏拉图就认识到由于雅典人对森林的破坏而导致了水土流失和水井的干涸。美国学者 George Marsh 就在其著作《*Man and Nature*》一书中记载：由于受人类活动的巨大影响，在地中海地区"广阔的森林在山峰之间消失了，肥沃的土壤被冲洗走了，肥沃的草地因灌溉水井枯竭而荒芜，著名的河流因此而干涸。"[③] 20 世纪 70 年代，生态系统服务功能成为科学术语，在生态学和生态经济学中广泛应用。Study of Critical Environmental Problems 首次使用了生态系统服务功能（Service）一词，进一步列出了包括水土保持、气候调节、土壤形成等自然系统对人类的服务功能。1991 年，国际科学联合会环境委员会举行会议，具体讨论关于开展生物多样性的定量研究的问题，此后，关于生物多样性与生态系统服务功能相互关系的研究逐渐成为生态学研究的热点。2000年，世界环境日正式启动了千年生态系统评估（Millennium Ecosystem Assessment，缩写为 MA），这是对生态系统的过去、现在及未来状况进行的评估。MA 工作组经过系统的调查，将生态系统服务功能类型归结为产品提供功能、调节功能、文化功能、支持功能等四大类，这种提法在国际社会得到广泛的认可，为我国生态功能区的划分奠定了基础。生态功能的认识随之深化，"生态功能，即生态系统服务功能（ecosystem service），是指生态系统与生态过程中所形成的维持人类赖以生存的自然环境条件与效用，包括水源涵养、水土保持、调节气候、净化空气和水体、调蓄洪水、防风固沙、维持生物多样

---

① 冉东亚.综合生态系统管理理论与实践——以中国西北地区土地退化防治为例〔D〕.中国林业科学研究院，2005：14.

② 欧阳志云，郑华，高吉喜，黄宝荣.区域生态环境质量评价与生态功能区划〔M〕.北京：中国环境科学出版社，2009：1.

③ 转引自欧阳志云，郑华，高吉喜，黄宝荣.区域生态环境质量评价与生态功能区划〔M〕.北京：中国环境科学出版社，2009：1.

性、培育土壤等功能。"①

1995年11月，在印度尼西亚首都雅加达举行的"生物多样性公约"第二次缔约国大会，将生态系统方式作为公约的主要行动框架；1998年5月，在斯洛伐克首都布拉迪斯拉发举行的第四次缔约国大会，要求对生态系统方式作出明确定义，并委托科技工艺咨询机构制定生态系统方式的原则和行动指南。

20世纪80年代以来，生态系统方式在美国等发达国家的生态环境保护领域广泛应用。20世纪80年代后期和90年代初期，关于生态系统管理的研究空前高涨。综合生态管理作为规范性理念，最早是在1995年在马拉维召开的《生物多样性公约》大会的一个专家组会议上提出的。消费和废弃物再生过程进行系统组合，优化系统结构和资源利用的生态效率。2000年5月，在肯尼亚内罗毕召开的《生物多样性公约》第五次缔约方大会上，正式认可了综合生态管理方法，并提出综合生态管理的5项指导准则和12项管理原则；这些基本准则和原则在2003年10月于蒙特利尔召开的生物多样性公约大会科技咨询辅助机构的第九次会议上获得通过。该会议认为，综合生态管理不仅对生物多样性保护和管理具有指导意义和促进履约作用，而且对其他一些国际公约，例如：《联合国防治荒漠化公约》的执行也有积极的指导意义。截至目前，综合生态系统管理已经日益成为国际社会普遍认同的生态管理的指导思想，多年来，在世界各国的生物多样性保护以及生态系统功能维护领域得到广泛应用。

二、综合生态系统管理的基本原则

综合生态系统管理最本质的特征是系统的概念，以及组成系统要素和要素之间的联系。综合生态系统管理特别强调人类是生态系统的有机组成部分，重视利益相关者在生态环境治理中的重要作用。生态系统管理与传统资源环境管理的重要区别就在于生态系统管理将保护生态系统的完整性置于优先地位。实施生态系统综合管理方式共有12条原则，这12条原则之间是互补的和有关联的。12条原则具体如下②：

原则1：土地、水和生物资源的管理目标是一种社会的选择。其要点包括：一是当地居民是利益的重要相关者；二是文化多样性和生物多样性一样，都是生态系统方式的重要内容；三是管理生态系统必须做到公平、公正。

---

① 饶胜，万军，张惠远等．关于开展国家级生态功能保护区建设的总体构想［A］．中国环境科学学会学术年会优秀论文集（2006）［C］：1027．

② 杨朝飞．生态环境管理思想的历史性突破［J］．环境保护，2001（4）：7～8．

原则 2：管理的职责和权限应当下放到最底层。这样的好处：一是便于体现基层的利益；二是使管理更接近于实际；三是便于当地居民、生产者、资源开发者的共同参与。

原则 3：树立全局观念和长远观念。管理者特别是处于第一线的生产者、开发者，不应只顾局部利益、眼前利益，而应认真考虑其活动对附近或其他生态系统的潜在的或实际的影响，并采取必要的措施。

原则 4：从真正意义上的"经济"角度来理解和管理生态系统。一是要减少对生物多样性产生不利影响的市场扭曲；二是要采用激励机制促进生物多样性的保护和利用；三是要最大限度地把生态系统的成本和效益内部化。

原则 5：优先保护生态系统的结构和功能。

原则 6：严格控制生态系统的极限。将人类的经济社会活动限制在自然生态系统承载力允许的范围以内。

原则 7：把握适当的空间尺度。一是管理的界限应由生产者、管理者、科学家、当地居民共同确定；二是尽可能地提高区域间的连接度，充分考虑到生态环境的系统性特点。

原则 8：把握适当的时间尺度。关注生态系统变化的时滞效应，确立生态系统管理的长期目标，避免急功近利的做法。

原则 9：确立"动态管理"思想。承认变化是不可避免的。变化主要来源于：一是生态系统内部的变化；二是生态系统外部的影响，如气候变化等；三是人类活动的影响。动态管理就是因势利导，就是强调发展和普遍联系的辩证管理。

原则 10：寻求保护与利用的平衡和结合。不要发展的保护是不可取的；脱离保护的发展是不可持续的。

原则 11：最大限度地利用相关知识和信息。实现科学知识、传统知识和数据信息最大限度的共享。

原则 12：吸收社会所有部门和学科广泛参与。

为了更方便地指导国家和区域的行政和立法行为，世界自然保护同盟生态系统管理委员会将综合生态系统管理的 12 项原则按照一定的同类相关性归纳为 4 类。第一类是关于区域和利益相关者的原则（原则 1、12、7、11），要求对生物资源管理，首先应当选组选出区域和其对应的利益相关者。依赖资源程度最高的是首要利益相关者，程度较低的是第二和第三利益相关者，如政府官员和国际保护组织。利益相关者一旦确定，管理关系和责任也得以明确。第二类是关于生态系统的结构、功能，维护和管理的原则（原则5、6、10和2），要求生态系统管理目标的确定应该是科学专家和当地居民合作决策的过程，借助联合绘图、地表勘察和监测练习等手段，提供信息并建立互信关系；采用生态系统嵌入区域管理以平衡保护和利用的关系，将"最低可能层次"的管理转化为个体农民、社区、地区，国家和国际主体的在不同合适层次的使用管理。第三类是关于收益问题（原则4），要求成本和惠益的公平分配因生态系统的地区而异，必须制定规则来协调不同居民对生态系统的经济需求的分歧。第四类是关于适应性管理的原则（原则3、7、8和10），介于一个地区改变管理对其邻近地区的影响是渐进、缓慢的，此类原则要求建立高质量的监测和良好的流通渠道，以便将不断深化了的知识传达给决策者。①

第二节　生态治理取得的成就

改革开放30多年来，中国政府对于生态环境保护与治理的意识不断增强，生态环境保护与治理的目标更加明确，生态环境保护与治理的法律体系、政策机制不断完善；生态功能区规划与治理成效卓著，关于生态功能恢复与维护的重大建设项目取得了良好的成效；生态功能保护区、生态示范区建设稳步推进，中国政府管制型生态环境治理取得了巨大的成就。

一、生态治理目标更加明确

自1996年7月国务院召开的第四次全国环境保护会议，将进一步明确生态环境保护、控制人口作为我国的两项基本国策以来，强调保护环境就是保护生产力，实施可持续发展战略就成为中国生态环境保护与治理的重要目标。会议后，国务院发布了《国务院关于环境保护若干问题的决定》，进一步明确了中国环境综合治理的目标。生态文明理念的提出，中国生态环境治理的目标更加明确与清晰，那就是在维护和改善自然生态环境，实现人与自然的和谐相处，构建环境优化型的社会。

---

① 杜群．我国生态综合管理的政策与实践——生态功能区划制度探索［A］．环境法治与建设和谐社会——2007年全国环境资源法学研讨会论文集［C］：969．

（1）维护恢复生态系统服务功能，改善自然生态环境。一般来讲，生态系统本身具有良性循环和持续发展的能力，当受到外界干扰时，能够通过生态系统本身的自我调节和自我修复，保持比较稳定的系统状态和功能，实现生态系统的动态平衡。但当生态系统遭受严重干扰和破坏，生态系统的结构和功能均遭到严重破坏，甚至超出生态系统所能承载的范围，生态系统的自我调节和自我修复功能就不再发挥作用。这时，就需要人类采取措施帮助其恢复生态功能，就是我们所指的生态功能治理与维护。生态环境保护与治理的过程，就是对生态系统服务功能的修复和维护过程。生态功能维护与治理就是要减少人类对于自然生态的严重干扰和破坏，对于已经造成的损坏进行修复，促进生态功能区域生态调节功能的恢复与持续，改善自然生态环境。当生态系统功能恢复到一定程度，自我修复和自我调节能力得到增强时，自然生态系统就会回复活力与生机。

（2）缓解人与自然矛盾，建设环境友好型社会。生态环境的破坏，生态系统服务功能的丧失，将使人类陷入生态危机与生存危机的双重困境。因此，对于生态环境的保护与治理，是为了缓解人与自然之间的矛盾，改善人类的生存环境所作出的理性选择。由于生态系统服务功能丧失所形成的生态灾害和生态危机，对于人类的生存与发展造成了威胁，降低了人类生活的质量。对于生态环境的保护与有效治理，不仅改善了自然生态环境，而且极大程度地改善了群众的生产和生活环境，提高了群众的生活质量，促进了社会的进步与发展。经过综合治理，使生态脆弱区得到了修复，多种产业的发展使群众的生活发生了根本的改变。在人类与自然生态系统矛盾化解之时，人类社会内部对自然争夺引发的矛盾也随之消解，人类社会内部更趋于和谐。

（3）合理开发利用，培育资源功能，实现可持续发展。可持续发展意味着当代人的发展不能以牺牲和损害后代人的利益为前提，而当代人在经济开发中，为了追求经济利益对自然资源采取毁灭式的开发，从根本上违背了可持续发展的基本理念。生态文明时代，生态环境保护与治理，要继续坚持和拓展一种新的治理理念，正确对待经济发展与生态保护之间的关系，合理开发利用自然资源，注重对资源开发和资源培育，实现可持续发展。比如：对水源涵养型生态功能区治理过程中，通过调整土地利用结构对生态功能区进行综合治理，改变农林牧用地不合理的状况，加强植被建设，增加林草地比重，恢复与重建水源涵养区森林、草原、湿地等生态系统，从而恢复生态系统的水源涵养功能。对于重要水源涵养型生态功能区，采取建设生态功能区保护区的治理策略，加强对水源涵养区的保护与管理，限制或禁止任何干扰和破坏水源涵养功能的经济社会活动和生产方式，对当代人肆虐的开采行为、过度放牧、毁林开荒等行为予以严格的管理，为实现可持续发展提供有力的支持。

二、生态治理法律法规体系建立

《中华人民共和国环境保护法》是中国政府加强生态环境治理的法律依据，从总体上明确了中国政府生态环境治理的根本职责。"十五"期间，我国生态保护法律法规体系得到进一步完善。我国现已形成较为系统的关于环境保护和生态管理的法律体系，《中华人民共和国水污染防治法》《中华人民共和国固体废物污染环境防治法》《清洁生产促进法》《渔业法》等，标志着我国的环境保护正逐步走上法制的轨道。国务院、相关部委相应制定了近百部环境与资源保护方面的行政法规、规章，地方人大和政府也结合本地区的实际情况，制定了大配套的地方性法规和规章。可以说，我国已经基本上形成了以宪法为核心，以环境保护法为基本法，以环境与资源保护的有关法律、法规为主要内容的比较完备的环境与资源法律体系。

建立和完善生态环境保护的法律法规体系是建设生态文明的根本保证。结合当前形势下，生态环境保护与治理的重点是对于生态功能区系统治理的现实，我国关于生态功能区保护与治理的法律法规不断完善。为了加强对各种不同类型的生态功能区的治理，中国正在积极建设和完善针对不同类型生态环境治理的法律法规。对于水源涵养生态功能区来讲，生态系统服务功能维护的关键是对于森林资源的保护，为了实现森林资源的合理利用，对森林资源进行培育和实施保护，加快国土绿化的建设步伐，充分发挥森林在蓄水保土、调节气候、改善环境和提供林产品等方面的生态服务功能。中国在1984年制定了《森林法》，并于1988年进行了修改。《森林法》第八条中明确规定了森林资源的保护方针，"对森林实行限额采伐，鼓励植树造林、封山育林，扩大森林覆盖面积。"为了加强对防风固沙生态功能区的治理，林业部起草了《中华人民共和国防沙治沙法》。依据《中华人民共和国防沙治沙法》第三十八条规定：在沙化土地封禁保护区范围内从事破坏植被活动的，由县级以上地方人民政府林业、农（牧）业行政主管部门按照各自的职责，责令停止违法行为；有违法所得的，没收其违法所得；构成犯罪的，依法追究刑事责任。2002年修订的《草原法》的相关规定，有助于限制土地过度开发、草地过度放牧等行为，对防治土地沙化具有积极的作用。为了加强对生物多样性保护生态功能区的治理与保护，中国在 1988 年就颁布了《野生动物保护法》。国家对珍贵、濒危的野生动物实行重点保护，国家保护野生动物及其生存环境，禁止任何单位和个人非法猎捕或者破坏。还进一步出台了《中华人民共和国自然保护区条例》《陆生野生动物保护实施条例》《野生植物保护条例》《水生野生动物保护实施条例》等单行条例，为生物多样性生态功能区的系统保护提供法律依据。

三、生态功能规划治理取得突破

为应对生态环境危机的严峻挑战，统筹人与自然和谐发展，借鉴国际上先进的综合生态系统管理思想，中国更加注重对生态系统服务功能的维护，生态功能区的系统治理提上了政府议程。生态系统服务功能和承载这些功能的自然资本对于地球生命保障系统是至关重要的：它们直接或间接为人类提供了利益，并因而成为全球整个经济价值的一部分。[①] 而现实中，承载一定的生态系统服务功能和自然资本的区域，就是本书研究的基本概念——生态功能区。生态功能区主要是指能够提供水源涵养、水土保持、防风固沙、洪水调蓄、生物多样性维护等生态服务功能，对维护生态系统完整性、确保人类物质支持系统的可持续性、保障国家生态安全具有重要意义的区域。[②] 中国生态功能区概念的提出，是伴随中国生态环境管理实践的不断深入，对于生态系统服务功能的认识日益深刻，并且借鉴国际上生态系统综合管理思想及区划理论的发展基础上形成的系统的生态环境保护与治理的新思路。生态功能区的概念源于其承载的生态系统服务功能，而生态系统服务功能也决定了生态功能区的基本属性与类别，生态系统服务功能概念是生态功能区概念提出的基础。

（一）生态功能区划工作取得突破性进展

21 世纪，中国生态环境保护治理规划进入了系统、科学治理的新时期，主要体现在关于生态功能区治理的规划体系日臻完善。

2000 年，国务院颁布了《全国生态环境保护纲要》，提出建设生态功能保护区，对生态功能区域实施抢救性保护的重要方针，开启了生态功能保护和生

---

① 郭中伟，甘雅玲. 关于生态系统服务功能的几个科学问题［J］. 生物多样性，2003（1）：64.
② 全国生态功能区划纲要.

态功能区建设的新篇章。同年开始，国家环保总局联合有关部门历时三年开展了全国性的生态环境状况调查。《中华人民共和国国民经济和社会发展第十一个五年规划纲要》明确国家限制开发区为重点，合理布局国家重点生态功能保护区，建设一批水源涵养、水土保持、防风固沙、洪水调蓄、生物多样性维护生态功能保护区，形成较完善的生态功能保护区建设体系，建立较完备的生态功能保护区相关政策、法规、标准和技术规范体系，并明确要求对 22 个重要生态功能区实行优先保护，适度开发。这一决策使我国重要生态功能区的生态恶化趋势得到遏制，主要生态功能得到了有效的恢复和完善，限制开发区有关政策得到有效的落实。《国务院关于落实科学发展观加强环境保护的决定》将保持"重点生态功能保护区、自然保护区等的生态功能基本稳定"作为我国环境保护的目标之一。明确重点生态功能保护区的范围、主导功能和发展方向，按照限制开发区的要求，探索建立生态功能保护区的评价指标体系、管理机制、绩效评估机制和生态补偿机制。提高重点生态功能保护区的管护能力。在全国生态环境现状调查的基础上，基本掌握了全国生态环境现实状况，国家环保总局、中国科学院联合进一步开展了生态功能区划工作。

2002 年，环保总局发布了《生态功能保护区规划编制大纲》（试行）。2003 年，制定了《中国生态功能区划暂行规程》，明确了生态功能区划的方法依据。2007 年，国家环保总局发布了《全国生物物种资源保护与利用规划纲要》和《国家重点生态功能保护区规划纲要》。这两个《规划纲要》，对于指导全国生物物种资源保护和利用、加强生态功能保护区建设具有重大的意义。在两个《规划纲要》的编制过程中，国务院各相关部门积极参与、通力协作、信息共享，两个规划纲要的内容充分体现了生物物种资源保护与利用和生态功能区建设的系统性、整体性和综合性，是运用生态系统管理的成功典范。[①] 2008 年 7 月，根据国务院《全国生态环境保护纲要》和《关于落实科学发展观　加强环境保护的决定》的要求，环境保护部和中国科学院联合编制和发布了《全国生态功能区划纲要》。《全国生态功能区划纲要》明确了不同区域的生态服务功能，对于中国生态功能区的建设与保护具有里程碑意义。《纲要》的发布标志着中国生态保护工作正由经验型管理向科学型管理、由定性型管理向定量型管理、由传统型管理向现代型管理的转变，是科学开展生态功能区建设与保护的重要依据。《全国生态功能区划》更是奠定了生态功能区保

---

① 吴晓青．落实国家生态环境保护战略的具体行动［N］．中国环境报，2007-12-10（001）．

护与管理的基础，对于生态功能区的科学管理具有重大的意义。通过划定和明确对国家和地区生态安全具有重要意义的生态功能区域，为生态保护与治理提供科学依据的同时，为区域经济技术政策、社会经济发展规划、产业布局等提供理论依据，是促进区域经济、社会和环境协调发展和贯彻落实科学发展观的有效途径。

（二）明确了中国生态功能区体系

按照全国生态功能区划，中国生态功能区被划分为生态调节功能区、产品提供功能区与人居保障功能区等三个类型的一级区，一级区共有31个。根据生态系统结构、过程与生态服务功能的关系，分析生态服务功能特征，对生态功能区进行生态系统服务功能重要性评价，根据其对全国生态安全和区域生态安全的重要程度分为极重要生态功能区、重要生态功能区、中等重要生态功能区和一般重要生态功能区等4个等级。生态功能二级区包括水源涵养、土壤保持、防风固沙、生物多样性保护、洪水调蓄等生态调节功能区，农产品与林产品等产品提供功能区，以及大都市群和重点城镇群人居保障功能区，共有9类67个区。在生态功能二级区的基础上，按照生态系统与生态功能的空间分异特征、地形差异、土地利用的组合，划分为216个生态功能三级区。生态功能三级区主要包括水源涵养功能区、土壤保持功能区、防风固沙功能区、生物多样性保护生态功能区、洪水调蓄生态功能区、农产品提供、林产品提供生态功能区，以及大都市群和重点城镇群等功能区。具体情况详见表3-1。

表 3-1　中国生态功能区划体系

一级区	二级区	三级区		
		数量（个）	面积（万平方公里）	比例（%）
生态调节	水源涵养	50	237.90	24.78
	土壤保持	28	93.72	9.76
	防风固沙	27	204.77	21.33
	生物多样性	34	201.05	20.94
	洪水调蓄	9	7.06	0.73
产品提供	农产品提供	36	168.63	17.57
	林产品提供	10	30.90	3.22

续表

一级区	二级区	三级区		
		数量（个）	面积（万平方公里）	比例（%）
人居保障	大都市群	3	4.23	0.44
	重点城镇群	19	8.03	0.84
合　计		216	956.29	99.61

资料来源：《全国生态功能区区划》，区划中不含中国香港特别行政区、中国澳门特别行政区和中国台湾省。

第一，水源涵养生态功能区。全国共有水源涵养生态功能三级区 50 个，面积为 237.90 万平方公里，占全国国土面积的 24.78%。

第二，土壤保持生态功能区。全国共有土壤保持生态功能三级区 28 个，面积为 93.72 万平方公里，占全国国土面积的 9.76%。

第三，防风固沙生态功能区。全国有防风固沙生态功能三级区 27 个，面积为 204.77 万平方公里，占全国国土面积的 21.33%。

第四，生物多样性保护生态功能区。不同地区保护生物多样性的价值取决于濒危珍稀动植物的分布，以及典型的生态系统分布。全国共有生物多样性保护生态功能三级区 34 个，面积为 201.05 万平方公里，占全国国土面积的 20.94%。

第五，洪水调蓄生态功能区。全国共有洪水调蓄三级生态功能区 9 个，面积为 7.06 万平方公里，占全国国土面积的 0.73%。

第六，产品提供生态功能区。产品提供功能主要包括提供农产品、畜产品、水产品、林产品等功能。产品提供功能主要是指提供粮食、油料、肉、奶、水产品、棉花、木材等农林牧渔业初级产品生产方面的功能。

第七，人居保障生态功能区。人居保障功能主要是指满足人类居住需要和城镇建设的功能，主要区域包括大都市群和重点城镇群等。根据我国经济发展与城市建设布局，我国人居保障重要功能区主要包括大都市群、区域重点城镇群。大都市群主要包括京津冀大都市群、长三角大都市群和珠三角大都市群。重点城镇群主要包括辽中南城镇群、胶东半岛城镇群、中原城镇群、关中城镇群、成都城镇群、武汉城镇群、长株潭城镇群和海峡西岸城镇群等。大都市群主要是指我国人口高度集中的城市群，主要是指京津冀大都市群、珠三角大都市群和长三角大都市群生态功能三级区 3 个，面积为 4.23 万平方公里，占全国国土面积的 0.44%。

（三）对中国重要生态功能区的认识深入

根据各生态功能区对保障国家生态安全的重要性，《全国生态功能区划》进一步以水源涵养、土壤保持、防风固沙、生物多样性保护和洪水调蓄等5类主导生态调节功能为基础，确定了对于中国生态安全具有重要意义的50个重要生态服务功能区域。

第一，水源涵养重要区。水源涵养重要生态功能区包含大、小兴安岭水源涵养重要区、辽河上游水源涵养重要区、京津水源地水源涵养重要区、大别山水源涵养重要区、桐柏山淮河源水源涵养重要区、丹江口库区水源涵养重要区、秦巴山地水源涵养重要区、三峡库区水源涵养重要区、江西东江源水源涵养重要区、南岭山地水源涵养重要区、珠江源水源涵养重要区、若尔盖水源涵养重要区、甘南水源涵养重要区、三江源水源涵养重要区、祁连山山地水源涵养重要区、天山山地水源涵养重要区、阿尔泰地区水源涵养重要区，共计17个水源涵养重要生态功能区。

第二，土壤保持重要区。土壤保持重要区包括太行山地土壤保持重要区、黄土高原丘陵沟壑区土壤保持重要区、西南喀斯特地区土壤保持重要区、川滇干热河谷土壤保持重要区等共计4个。其中，黄土高原丘陵沟壑区土壤保持重要区包括宁夏回族自治区的固原和陕西省的延安、榆林，面积为137044平方公里。该区地处半湿润、半干旱季风气候区，地带性植被类型为森林草原和草原，具有土壤侵蚀和土地沙漠化敏感性高的特点，是土壤保持极重要的区域。

第三，防风固沙重要区。防风固沙重要区包括科尔沁沙地防风固沙重要区、呼伦贝尔草原防风固沙重要区、阴山北麓—浑善达克沙地防风固沙重要区、毛乌素沙地防风固沙重要区、黑河中下游防风固沙重要区、阿尔金草原荒漠防风固沙重要区、塔里木河流域防风固沙重要区，共计7个重要区。

第四，生物多样性保护重要区。生物多样性保护重要区主要包括三江平原湿地生物多样性保护重要区、长白山地生物多样保护重要区、辽河三角洲湿地生物多样性保护重要区、黄河三角洲湿地生物多样保护重要区、苏北滩涂湿地生物多样性保护重要区、浙闽赣交界山地生物多样性保护重要区、武陵山山地生物多样性保护重要区、东南沿海红树林生物多样性保护重要区、海南岛中部山地生物多样性保护重要区、岷山—邛崃山生物多样性保护重要区、桂西南石灰岩地区生物多样性保护重要区、西双版纳热带雨林季雨林生物多样性保护重要区、横断山生物多样性保护重要区、伊犁—天山山地西段生物多样性保护重要区、北羌塘高寒荒漠草原生物多样性保护重要区、藏东南山地热带雨林季雨林生物多样性保护重要区，共计 16 个重要功能区。其中，三江平原湿地生物多样性保护重要区主要位于黑龙江省松花江下游及其与乌苏里江汇合处一带，行政区涉及黑龙江省 12 个县（市），面积为 55819 平方公里，是中国平原地区沼泽分布最大、最集中的地区之一。三江平原湿地在国际上具有重要的生态意义，已被列入《亚洲重要湿地名录》。

第五，洪水调蓄重要区。洪水调蓄重要区主要包括安徽沿长江湿地洪水调蓄重要区、松嫩平原湿地洪水调蓄重要区、淮河中下游湿地洪水调蓄重要区、长江荆江段湿地洪水调蓄重要区、洞庭湖区湿地洪水调蓄重要区、鄱阳湖区湿地洪水调蓄重要区，总计 6 个重要区。安徽沿长江湿地洪水调蓄重要区位于安徽省沿长江两岸地区，行政区域涉及安庆、池州、铜陵、巢湖、芜湖和马鞍山等市，面积为 6983 平方公里，区内已建有 3 个国家级自然保护区，是中国重要的水产品生产区。

通过对中国重要生态功能区基本概况的梳理，可以形成以下几方面的认识：

第一，重要生态功能区对于维护国家生态安全、实现可持续发展具有重要的意义。良好的生态环境是人类生存与发展的基础，重要生态功能区承载的生态资源、生态系统服务功能是人类生存与发展的必要元素，离开了这些重要生态功能区的支持，人类将无法生存与发展。如大、小兴安岭重要生态功能区位于黑龙江省北部和内蒙古自治区东北部，是嫩江、额尔古纳河、绰尔河、阿伦河、诺敏河、甘河、得尔布河等诸多河流的源头，是重要的水源涵养区，对黑龙江省北部和内蒙古自治区大兴安岭西部地区具有重要的生态安全屏障作用。大、小兴安岭重要生态功能区行政区涉及黑龙江省的大兴安岭、黑河、伊春，内蒙古自治区呼伦贝尔、兴安盟，面积为 151579 平方公里。

第二，生态功能区的公共属性。公共物品（Public Goods），是指"用于满足公共需要的物品或服务"。曼昆在其《经济学原理》一书中，根据该物品是否具有排他性和竞争性的特点，将物品分为 4 类：私人物品，公共物品，共有资源和自然垄断物品。[①] 排他性是指一个人使用该物品的同时就可以阻止其他人使用该物品，也就是一个人使用该物品就会造成他人无法或不能够使用该物品的特性；竞争性是指那种一个人使用某种物品时，就会减少其他人使用该

---

① ［美］曼昆著．梁小民译．经济学原理［M］．北京：北京大学出版社，2001：232.

物品的特性。按照曼昆的论证，私人物品是既有排他性又有竞争性的物品；公共物品则是既无排他性又无竞争性的物品；共有资源是指有竞争性但无排他性的物品；自然垄断是指具有排他性但是没有竞争性的物品。依据公共物品理论，不难发现生态功能区属于共有资源，具有公共属性。生态功能区的治理也要满足社会公众的利益需要，公共属性就使得生态功能区治理带有极强的外部性和搭便车行为，是形成治理冲突的重要原因。

中国生态功能区在数量、分布、类型、结构上已基本满足了维护国家生态安全的需要，生态功能区系统管理标志着政府主导下中国生态环境治理工作的新阶段，通过科学治理，有效促进生态功能区生态系统服务功能的改善与维护，建设生态文明社会的伟大构想定能早日实现。

四、生态治理政策体系不断健全

通过研究制订生态保护管理政策，依靠政策引导和政策支持推进生态环境综合治理。当前，我国关于生态功能区保护与管理的相关政策集中体现在三个方面：关于生态功能区保护与管理的财政政策、税收政策、生态补偿政策。为维护国家生态安全，引导地方政府加强生态环境保护力度，提高国家重点生态功能区所在地政府的基本公共服务保障能力。2010年，财政部制定了《国家重点生态功能区转移支付办法》，对关系国家区域生态安全并由中央主管部门制定保护规划确定的生态功能区、生态外溢性较强和生态环境保护较好的省区，以及国务院批准纳入转移支付范围的其他生态功能区域进行国家重点生态功能区转移支付。"十五"期间，一些地方政府和环境保护部门实行了建设项目环保预审制、环境保护"一票否决"等制度，加强了对生态环境保护的相关制度建设。中组部、国家环保总局尝试在领导干部考核中增加了资源消耗和生态环境保护指标，完善了生态环境保护与治理的相关的管理制度。

五、生态治理成效十分显著

"十五"以来，中国政府高度重视生态环境问题，国家在生态环境建设和保护方面投入了大量的人力、物力、财力，实施了规模空前的生态建设治理活动，取得了显著成效。生态环境特别恶劣的黄河、长江上中游水土流失重点地区以及严重荒漠化地区的治理取得了一定的成效，生态环境持续恶化的趋势得到缓解，我国的生态环境得到了有效保护和改善。

（一）自然生态状况得到改善

从 1998 年以来，作为生态功能区治理的重大举措，中国启动了退耕还林、退牧还草、天然林保护、重点防护林保护工程、防治荒漠化工程、京津风沙源治理、湿地治理、水土保持、黄河和淮河流域治理、天然草原保护与建设和生态环境综合治理等建设项目，对于生态功能区的系统治理具有举足轻重的意义。

水源涵养生态功能区面临最大的生态问题就是森林植被被破坏，为了实现有效治理，中国先后开展了退耕还林、天然林保护等工程，推进水源涵养生态功能区生态功能的恢复与保护。退耕还林工程是中国生态功能区保护以来规模最大、投入最多、政策性最强、任务最重、群众参与度、影响最广泛的生态建设工程。1999 年，在四川、陕西、甘肃 3 省率先开展了退耕还林试点工作。2001 年，试点范围又扩大到了广西、辽宁、江西 3 省区，累计达 20 个省（区、市）。2002 年，退耕还林工程正式启动，工程范围覆盖了北京、天津、西藏、安徽、海南等全国 25 个省（区、市）及新疆生产建设兵团，工程县数量达到 1800 多个。截至 2003 年年底，全国共安排退耕还林总任务 2.27 亿亩（退耕地造林 1.08 亿亩，宜林荒山荒地造林 1.19 亿亩），已累计完成退耕还林 2.2 亿亩（其中，退耕地造林 1.06 亿亩，宜林荒山荒地造林 1.14 亿亩）。2002 年和 2003 年两年的退耕还林工程造林任务均占全国造林总任务的四分之三以上。5 年来，中央累计投入近 500 亿元，其中，粮食补助 481 亿斤。[①] 1998 年，启动天然林保护工程试点建设，"天保工程是一项庞大的系统工程，以停产、减伐、安置、分流为主要任务，1998 年试点，2000 年正式启动实施。按照规划总投资为 1064 亿元，建设内容包括，项目区内 14.12 亿亩的森林得到有效的保护；减少商品林产量 1991 万立方米；通过对现有森林资源的管护、宜林荒山荒地造林、林区多种经营综合开发利用、实行一次性安置及发放最低生活保障费等多种途径，分流安置工程区内 74 万富余职工，做好林业企业 48 万离退休人员基本养老保险社会统筹工作。"[②] 实施天然林保护工程已经取得了一定的社会、经济和生态效益，为生态环境保护，社会经济的可持续发展作出了巨大的贡献。保护天然林是保障经济社会可持续发展的物质基础和环境，保

① 姜恩来. 退耕还林工程管理机制和管理模式研究［D］. 北京林业大学，2004：36～37.
② 刘凯. 天然林保护工程的实施与利益相关者冲突研究［D］. 北京林业大学，2009：1.

护天然林也是保护生物多样性的前提。实施封育保护后，保护区内灌草植物自然萌生速度明显加快，裸地自然郁闭，植被覆盖度大幅度提高，生态环境明显改善。全国有 1200 多万人通过水土保持解决了温饱。[①]

为了加强对水土保持生态功能区的维护与治理，中国在大江大河流域开展了大规模的水土保持建设工程。自 1983 年始建立的 7 大流域水土保持重点工程体系以来，国家先后在 25 片水土流失严重地区的 50 万 km² 范围内开展了以小流域为单元的规模化治理。截至 2005 年年底，全国累计水土流失治理保存面积达到 92 万 km²，比"九五"期末净增 9 万 km²。为推动沙漠化地区的生态重建，中国政府自 2000 年来实施的禁牧与禁垦的环境政策，自然生态功能修复和生态建设工作成效显著。

"十五"期间，我国投入了 7000 亿元实施生态建设六大工程，累计人工造林保存面积近 8 亿亩，全国森林覆盖率显著上升。天然林保护工程累计完成荒山造林 432.82 万公顷，森林管护面积每年保持在 9000 万公顷左右；退耕还林工程累计完成造林 1734.20 万公顷，其中退耕造林 783.45 万公顷；京津风沙源治理工程累计完成造林面积 219.14 万公顷；"三北"四期工程累计完成建设任务 271.50 万公顷，长江流域等 5 项防护林二期工程累计完成造林面积 128.93 万公顷。通过这些重点生态建设工程，已完成造林面积 2532.90 万公顷，工程区生态状况得到明显改善，部分地区初步呈现出山清水秀的喜人局面。[②]

（二）自然保护区、生态功能保护区成效显著

"十五"期末，我国加大了自然保护区的建设力度，全国共建立各种类型、不同级别的自然保护区 2349 个，其中，国家级自然保护区 243 个，总面积已达 150 万平方公里，占陆域国土面积的 15%，超额完成了"十五"13% 的计划目标。自然保护区有效地保护了我国 80% 的陆地自然生态系统类型、40% 的天然湿地、20% 的天然林、85% 的野生动植物种群和 65% 的高等植物群落，保护我国的生物多样性和生态安全的自然保护区网络初步形成，自然保护区的类型比较齐全、布局趋于合理。

为了推动重要生态功能区的保护与治理，中国提出在重要生态功能区设立

---

① 转引自：包晓斌，李周．我国水土流失综合防治的政策变迁与评价 [J]．中国水土保持科学，2008（2）：4～5.

② 国家环境保护总局自然生态司．共和国生态保护发展历程及取得的成就 [J]．环境教育，2007（1）：12.

生态功能保护区的管理构想。生态功能保护区，是指在涵养水源、保持水土、调蓄洪水、防风固沙、维系生物多样性等方面具有重要作用的重要生态功能区内，有选择地划定一定面积予以重点保护和限制开发建设的区域。生态功能保护区保护模式是一种不同于自然保护区的全新的生态保护模式，在管理制度、管理方式、管理范围、投入机制、建设方式等方面也将采取新的政策。生态功能区保护区模式是结合我国生态保护和社会经济发展的现状，特别是生态环境保护与治理的现状，按照生态系统管理方式管理生态系统的重要实践。2001年，对重要生态功能区实施抢救性保护，阴山北麓科尔沁沙地保护区、三江平原保护区、鄱阳湖保护区、洞庭湖保护区、若尔盖—玛曲保护区、秦岭山地保护区、黑河流域保护区、长江源保护区、黄河源保护区、塔里木河保护区，成为首批确定的 10 个国家级生态功能保护区建设试点。国家生态功能保护区一般建在自然保护区的外围，自然保护区注重物种资源和生物多样性资源的保护，生态功能保护区注重水土涵养、水土保持等生态功能的保护。建立生态功能保护区，保护区域重要生态功能，对于防止和减轻自然灾害，协调流域及区域生态保护与经济社会发展，保障国家和地方生态安全具有重要的意义。生态功能保护区属于限制开发区域，在生态功能区保护区内实行严格的区域生态保护政策。对于一切可能导致生态功能继续退化的开发经营行为和其他人为的破坏行为予以命令禁止；一切可能造成严重环境污染的工程项目必须立即停止建设；严格控制人口数量的增长，为了避免和减少人与自然的冲突，对超出承载能力的人口实施迁移政策；改变粗放式生产和生活方式，走生态型经济和社会发展的道路。

2002 年，国家环保总局制定并印发了《生态功能保护区规划编制大纲（试行）》和《生态功能保护区评审管理办法》，并会同计划、财政、国土、水利、农业、林业等部门成立了国家级生态功能保护区评审委员会，制定了《国家级生态功能保护区评审委员会组织和工作制度（试行）》和《国家级生态功能保护区申报和评审规定（试行）》，生态功能保护区建设工作进一步深化。

2006 年 12 月，国家环保总局联合国家发改委、财政部、农业部、国土资源部、水利部、国家林业局、国家海洋局完成《国家重点生态功能保护区规划（2006—2020）》，报请国务院审批。国家级生态功能保护区试点工作与生态保护区立法工作同步推进，国家环保总局开展调研，起草《生态功能保护区管理条例》。2007 年，国家环保总局召开新闻发布会，提出要用 15 年的时间，在甘南、东川等地建立 50 个国家级生态功能保护区，保护区内为限制开发区域。同时颁布了《国家重点生态功能保护区规划纲要》。《规划纲要》明确地提出，重点生态功能保护区属于限制开发区，应该坚持保护优先、限制开发、点状发展的原则，因地制宜地制定生态功能保护区的各项政策，走生态经济型的发展道路。建立生态功能保护区，是抢救性地保护我国重要生态功能区的必要途径和有效方式，是中国环境保护事业继自然保护区后又一个极其重要的政府行动。初步划定了 50 个国家级重要生态功能保护区，18 个国家级生态功能保护区建设试点工作已经展开，对于维护国家生态安全具有重要意义的区域将得到全面保护与治理。陆续在河北、山西、山东、江苏等省划定了一批省级生态功能保护区，开始了省级生态功能保护区建设的试点工作。

（三）生态示范区建设取得了良好的效果

深入开展生态环境保护与生态文明创建互动，还体现在各级各类生态示范区建设取得了良好的效果。"十五"以来，为了促进人与自然的和谐发展，增强人类环境保护意识，主要开展了生态示范区建设，我国逐步形成了生态示范区、生态省（市、县）、环境优美乡镇、生态村的生态示范系列创建体系。国家环境保护部党组明确提出，将"生态省""生态市""生态县"等建设示范项目名称统一调整为"生态建设示范区""生态工业园区"，作为"生态建设示范区"建设的一项重要内容。生态示范创建体现了可持续发展思想，是区域社会、经济可持续发展的一种理想载体和组织形式，有助于人居保障生态功能区的保护与管理，是落实环境保护基本国策的重要保证，是环境保护参与综合决策的重要组织形式。紧紧围绕生态文明社会理念，明确"生态建设示范区"建设的指导思想、指标体系、建设内容等方面，是现阶段建设生态文明社会的过渡模式，发展成熟后逐步地向"生态文明建设示范区"转型。生态建设示范区坚持贯彻落实科学发展观，注重和推动区域经济发展的同时，坚持社会与环境协调发展的基本方针，是实现建设资源节约型、环境友好型社会的有效形式，对于推动人居保障型生态功能区的建设与发展具有重要的现实意义。

截至 2009 年，生态建设示范工作取得了突破性进展，全国有海南、吉林、黑龙江、青海、福建、浙江、山东、安徽、江苏、河北、四川、广西、辽宁和天津等 14 个省（自治区、直辖市）开展了区域范围的生态省（区、市）建设，有500 多个市县开展了市县范围的建设，其中 11 个县（市、区）达到国家生态县（市、区）建设标准，1027 个乡镇达到全国环境优美乡镇标准，在生态建设示范区建设过程中，基本形成了当地政府高度重视、环保部门积极推动、相关部门通力协作、全社会共同参与的管理机制，生态建设示范工作顺利开展。通过调整产业结构、优化经济增长、统筹城乡环境保护，使生态文明理念日益深入人心。生态示范区创建活动，不仅保护了生态环境，还一定程度地促进了经济发展，改善了人民的生活水平，增强了区域可持续发展的能力，实现了经济发展、环境保护与社会进步的和谐统一。

第三节　生态治理的问题显现

截至目前，我国的生态建设和生态保护虽然取得了重要进展，但是生态恶化的趋势并未能出现根本性的扭转，生态环境形势依然十分严峻。从总体上看，生态破坏的范围在扩大，程度在加剧，危害在加重。生态破坏的特点是：一方治理多方破坏，点上治理面上破坏，边治理边破坏，治理赶不上破坏。

综观中国生态环境保护与治理的发展历程，政府管制型治理模式始终占据重要的地位，具体表现为政府及其相关行政部门是生态环境保护治理中的合法权威主体，运用法律政策等强制、规制的手段对其他社会主体的生产和生活实施管理，从而达到生态环境保护、生态文明建设的目的。这种治理模式，虽然取得了一定的治理成效，但是中国生态环境治理的目标远未实现。政府管制型治理模式所蕴含的治理主体单一、权力高度集中等问题使政府治理面临失灵困境；政府主导治理局面抑制和阻碍市场调节机制和社会自组织体系参与治理作用的发挥，间接地导致市场与社会治理的缺失，加剧了各种利益纠结，生态环境治理中的这些现实问题已经成为阻碍生态环境良善治理的新的障碍和难题。

中国政府管制型生态治理的问题表现在四个方面，一是作为治理主体的政府在治理过程中暴露出诸多管理困境；二是市场调节机制在发挥治理作用时表现出的缺陷；三是作为社会主体的社会公众在生态治理中意识淡漠、能力匮乏；四是在政府主导型治理模式下，多元的利益主体之间的利益纠结严重，阻碍了生态环境保护与治理，影响生态文明建设的顺利开展。

一、政府生态治理失灵现象显现

（一）政府政策决策失误

政府全能控制型治理时期，由于决策失误，盲目开展工业化大生产，资源掠夺式开发，造成生态资源破坏严重，生态环境污染严重。政府管制型治理时期，由于对于经济利益的过度追求，政府绩效考核也以经济发展状况作为重要参数，治理理念和治理决策的失误造成生态服务功能下降、人类生存的自然生态环境严重破坏。生态功能区承载一定的自然资源，对地方的经济发展具有重要的作用。地方政府为了追求经济增长，往往不惜牺牲生态环境，对于生态功能区治理采取重开发、轻保护的策略；抑或是坚持先破坏、后治理的原则，这些治理决策的错误和失当，很大程度上加重了生态功能区生态系统服务功能破坏的程度。由于政府决策失误造成的生态资源和环境破坏甚至比企业和社会公众造成的危害更为严重。再如，关于生态环境保护的相关法律、法规在制定时存在缺陷。由于政府或相关部门对生态环境认识的不深入，一些法律、法规在制定时未能依照自然生态规律来制定，决定其对于生态环境保护难以发挥积极的作用，还可能助长自然资源开发利用中的浪费和对生态环境的随意破坏。比如，关于自然资源管理主体的相关法律规定，各级地方政府是生态资源保护的主体，在本区域内发挥生态环境保护职能。这虽然是出于对生态环境保护的重视而对主体进行的规定，但是却由于忽视了自然生态环境的系统性，而实际造成了条块分割、各自为政的管理局面，实际上违背了自然资源的整体性和生态性，不利于生态环境的综合治理与生态资源的全面保护。

（二）政策执行不力

在生态环境保护治理中，在已有政策规章匮乏的前提下，还经常发生政策执行不力的情况。生态环境治理中的政策执行不力突出表现为上有政策、下有对策的执行不力。生态环境治理中的中央政府与地方政府权责不对称，出于对各自利益和权责的双重考虑，地方政府对中央政府的生态环境保护与治理政策予以暂缓执行，或者是予以歪曲。由于利益所在，中央政府很少主动地将环境资源的管理权力下放给地方政府，而是将管理自然资源的责任移至地方政府，生态保护与治理的决策权及资源分配权力往往属于中央政府。换言之，地方政府仅仅是生态保护与治理的执行机构，并不完全掌握支配生态各种资源的权利，由此滋生对中央的抵制情绪。中央政府的大力支持和投入，一定程度上缓解了地方政府的治理困境，但是由于生态环境保护与治理必然会对地方经济发展有所限制，就会影响到地方的财政和税收，减少地方的经济来源。中央政府的高投入，希望地方政府对于生态环境保护与治理的成效显著，但是，地方政府的自利行为和治理能力不强导致治理结果很难得到中央政府的认可和满意。

地方政府承担了更多的具体压力和困难，除了经济损失，就业压力和生态移民搬迁的社会矛盾也十分尖锐。因此，地方政府对于中央政府的政策要求，就会作灵活变通，上有政策下有对策的现象十分严重。

生态环境保护与治理的相关政策不连续，生态建设缺乏后续政策支撑。现有的生态建设工程将陆续到期，但生态建设任务是长期的、艰巨的，到期之后怎么办的问题显得非常紧迫。比如，退耕还林、京津风沙源治理等工程，国家还缺乏后续政策，以巩固和扩大建设成果。否则，极有可能出现毁林复垦、种粮求食，使生态建设成果又遭到破坏而前功尽弃的结果。政策相互冲突现象也时有发生，如在水源涵养生态功能区治理中，出现的天保工程与林权制度改革之间的政策冲突；依据天保工程，天然林被保护和禁止采伐；而林权制度改革中赋予林区居民林业的管护权和适当的采伐权；天保工程的实施和延长就使林区居民的利益受到损害或是利益实现的期限被延长。

（三）生态监督管理不力

生态文明时代，中国生态环境保护与治理工作已经逐步加强，但是对于生态环境保护与治理的监管力度还远远不够，监管水平、监管能力较为低下。中国生态环境监督管理不力集中体现在监督主体单一、监督方式落后、监督能力低下等方面。

第一，难以对生态环境治理实施全面监管。《环境保护法》规定："政府环境保护行政主管部门，对本辖区的环境保护工作实施统一监督管理。"监管不力首先是政府环保行政主管部门监管责任不到位，政府作为监督主体监管乏力等方面。环境保护行政主管部门对环境保护工作实施"统一监督管理"，这种管理包括对同级政府其他部门环境保护工作的监督管理。在整个环境管理监督体系中占主导地位，其他部门的环境监督管理发挥协同作用。环境保护行政主管部门对生态环境保护与治理行动的监督管理理应是全方位的、系统和长期的，但是由于环境保护部门同时承担生态环境综合治理的多项职能、环境管理机构还不健全等因素，使现有的环境保护部门难以对生态功能区实施全面监管。

第二，监管方式较为落后。生态环境保护与治理中，通常采取事后监督和末端治理的监督方式，也就意味着当生态环境环境已经遭到破坏，生态污染、生态功能损坏形成事实的时候才能被政府相关部门重视，予以治理。由于缺乏事先的监控机制和预警系统，当生态破坏出现才进行管理控制，会造成严重的经济损失和生态环境破坏，势必严重影响中国经济社会的可持续发展和国家生态环境安全。依据国家统计局 2007 年统计数据，以森林面积、当年造林面积、森林火灾次数、森林火灾受灾面积、自然保护区数量、生态示范区数量为参照指标，不难发现，尽管中国在自然保护区和生态示范区建设数量上不断增多，但是森林火灾的次数并没有明显减少，甚至还会增加，说明对于森林灾害的预防管理有待加强，对于水源涵养生态功能区的监督管理还存在严重问题。

第三，监控技术设施落后。在生态环境实施监控中，现有的监控装备落后、技术手段落后是监管不力的直接体现。在实践中，人们普遍认为地方环保局缺乏足够的监测能力。例如，即使是在江苏省——中国经济最发达的区域之一——的一个地级市里，当地环保局也是到了 2004 年才装备上了移动监测车。截至 2006 年 3 月，该地的企业里也没有安装与监测站相连的在线监测仪。[①]

（四）生态保护建设资金匮乏

生态环境保护还存在生态建设投入渠道单一、投资总量不足、标准偏低。近年来，中国政府加大了对生态建设的投入，还远远不能满足生态功能区建设与保护的现实需要，存在巨大的资金缺口。中国政府投入生态建设的资金一度主要依靠国债支撑，随着国债发行量的压缩，生态建设的资金来源越来越不稳定，一些生态建设工程投资逐步减少，影响了工程的建设进展和生态功能区管理的成效。中国生态功能区的保护与建设需要耗费较多的财力资源，从实际操作上看，生态功能区的保护与管理建设资金来源渠道单一，生态保护资金主要来源于政府资金，而且主要依靠中央政府对地方政府的财政支付；或是依托国家环境保护部直属机构及地方各级政府的投入，这与十分有限的财政支持能力形成了尖锐的矛盾。2000—2005 年，中央在退耕还林、退牧还草、天然林保护、防护林建设和京津风沙源治理五大生态建设工程累计投资 1220 多亿元[②]；对水土流失综合防治、三峡库区、滇池流域水污染防治、塔里木河综合治理和中心城市污染治理等工程投资 450 多亿元。

（五）管理效率低下

在生态环境治理中，政府管理效率低下主要体现在：

---

① 李万新. 中国的环境监管与治理——理念、承诺、能力和赋权 [J]. 公共行政评论，2008 (5)：123.

② 韩洁，顾瑞珍. 中国 6 年投资 1 万亿元夯实西部基础设施 [EB/OL]. 新华网. 2006－09－05. 转引自孙力. 生态功能区补偿法律制度初探 [J]. 环境保护，2008 (8)：39.

第一，生态保护项目重建设、轻管护，管理效率低下。中国生态环境的治理和维护，主要体现在以政府策略和党的决策为依据，生态环境治理多表现为重大工程项目、重大活动，如天保工程、西部大开发等等。这种运动式的治理方式，往往是在活动初期，政府部门高度关注，大力投入和集中推动，口号、规划、示范项目层出不穷；项目开展一段时间，由于单主体的投入和治理，陷入资金障碍、精力疲惫，工程项目拖沓；而项目后期，经常是草率收尾，生态环境保护治理流于形式，效率十分低下。

第二，生态建设项目投入大，收效低。相对于国家、地方巨大的生态治理投资而言，生态环境保护与治理并没有达到应有的效果。20世纪后期，中国开展的林业生态建设，包括1亿亩速生丰产用材林工程、"三北"防护林工程、长江中上游防护林工程、沿海防护林工程、农田防护林工程、太行山绿化工程和全国治沙工程等活动，政府投入了大量的资金、人力、物力资源，可是中国森林覆盖率依然只有18%左右，国际公认的维护生态良性循环的森林覆盖率是30%，可见中国距离生态良好的目标还有很大的差距。

第三，生态功能区保护区的建设和管理效率十分低下。生态功能区建设速度慢，审批环节多，严重滞后于生态功能区管理的迫切需要。生态功能保护区建设的构想已经十分成熟，但是目前国家级生态功能保护区的建设还停留在审批和试点阶段，这根本违背生态功能区生态保护的紧迫性需求。

二、市场生态调节治理机制不健全

在中国生态环境保护与治理中，市场调节机制存在着明显缺陷，作用难以发挥。长期以来，中国社会政府控制下的计划经济在历史上发挥了重要作用，在建设社会主义市场经济的过程中，计划经济体制的残留影响依然存在，政府对于市场的干预依然十分严重，极大程度地影响生态环境保护与建设过程中市场机制的作用有效发挥。由于市场经济起步较晚，市场机制还不十分健全，这些因素成为生态环境保护与治理中市场机制的重大缺陷。中国缺乏市场机制常规化运行的理念基础，效率、公平、合作、诚信、法治等市场经济的理念还没有深入人心，加之生态环境保护的长期性、全局性与企业短期趋利的经营理念相冲突，使得企业违规生产和经营，置环境保护承诺于不顾的事时有发生。企业社会责任缺失，片面追求利润，无视环境，垄断、恶性竞争、粗放型扩张导致资源浪费大量存在。中国产权制度不明确，特别对于生态资源来讲，产权模糊的问题突出。基本资源的普遍公有制的弊端在于产权不清，公有制或者被等同于大家都有份，大家都有就难以监督，结果是每个人都争先恐后地去掠夺生态公共资源。按照我国现行法律的规定，自然资源归全民和国家所有，而在实际的资源利用和资源管理过程中，各级政府成为实际的资源所有者。已有的市场调节机制，是在政府主导控制下，还没有形成真正完善的市场机制，市场制度不健全，市场机制的调节能力薄弱。生态系统服务功能的脆弱性和生态功能保护区采取的限制开放政策、生态功能区产权难以界定等因素，也限制了市场机制的发挥。中国生态环境治理与保护中的市场调节机制还十分薄弱，受政府管制和政策的冲击也较大，市场作用难以发挥。

三、社会自组织体系生态治理薄弱

在中国生态环境治理中，由于长期的政府管制型治理，治理权力高度集中，原本应该发挥重要作用的社会自组织体系效用发挥不明显。社区居民生态环境保护与治理的意识十分淡薄，生态破坏性行为时有发生；生态环境保护治理的非政府组织缺乏独立性和参与治理能力低下，社会自组织体系治理效能十分低下。

（一）生态破坏行为依然

生态环境保护中的居民生态环境保护意识淡薄，受经济利益的驱使，对生态功能区的人为干扰和破坏十分严重，人为因素仍然是生态退化的主要原因。在面临经济发展与生态保护发生矛盾时，社区居民通常会选择牺牲和破坏生态环境来换取经济利益。如生态功能区内居民经常无视生态环境保护的重要性，无视法律的制裁到禁止开发区域砍伐林木、偷猎野生动物，破坏自然资源；在生态功能区允许其经常生产和适度开发的区域，社区群众采取过度放牧、涸泽而渔的方式损毁生态系统服务功能。比如，甘肃省大部分高寒阴湿草原生长有冬虫夏草、羌活、秦艽、赤芍、柴胡、黄芪等中药材。在短期利益的驱动下，每年入春以后，都有大批农牧民涌入草原采挖，不仅使药材资源日趋枯竭，而且使植被遭受到严重破坏，使本已脆弱的生态系统更加脆弱。在天然草地上滥采、滥挖，将牧草连根拔起，直接破坏了草地资源，脆弱的系统一旦遭到破坏，短时间内则很难恢复。近 20 年来，由于滥垦、滥挖，甘南藏族自治州天然草地面积减少 1.33 万公顷。部分耕地弃耕后，变成了黑土滩或毒杂草滋生地，使草地潜在沙化、退化、盐碱化面积在逐步扩大。①

---

① 马爱霞. 甘肃黄河上游主要生态功能区草原退化成因及治理对策浅析 [J]. 草业与畜牧，2009（4）：32.

重要生态功能区人为干扰严重，生态问题十分突出。综观上述 50 个重要生态功能区，几乎无一例外地因人类的过度干扰导致生态问题突出、生态功能破坏严重。长期以来，人类出于自身利益的追求，对重要生态功能区采取掠夺式的开发，最终造成了生态功能区生态服务功能衰退的局面。如若尔盖水源涵养重要区，受人为干扰和破坏十分严重。该区分布在四川省境内黄河流域区，位于川西北高原的阿坝藏族羌族自治州境内，包括若尔盖中西部、红原、阿坝东部，是黄河与长江水系的分水地带。区内地貌类型以高原丘陵为主，地势平坦，沼泽、牛轭湖星罗棋布。植被类型主要以高寒草甸和沼泽草甸为主，有少量亚高山森林及灌草丛分布。这些生态系统类型在水源涵养和水文调节方面发挥着重要的作用。但该区面临严重的生态问题：湿地疏干垦殖和过度放牧带来地下水位下降和沼泽萎缩及草甸退化和沙化问题日益突出。

（二）参与生态治理的观念淡漠

生态环境治理中，社会公众缺乏主动性、自觉性，仍是以政府动员和政府强制推动为主。目前的生态功能区治理中，政府强制色彩浓重，社区居民、企业以遵守国家生态功能区治理的法律法规、执行相关治理政策作为其参与治理的行为体现，是在政府规制背景下参与治理，社会公众自觉、自愿的生态环境保护行为较少，被动式参与明显。在保护环境、促进社会的可持续发展过程中，自觉性行动一般都是根据地方的文化、社会经济和环境条件出发而采取的行动和措施，缺少对生态环境公共利益的关怀。生态环境治理的复杂性、长期性、广泛性等特点，决定了仅靠政府制定一些有关环境方面的政策、法律和法规并强制推行，缺乏社会公众的主动性参与，难以适应生态保护与治理的实际要求，更无法保证政府政策规定的贯彻落实。

（三）参与生态治理的能力低下

中国社会公众生态保护意识淡漠，参与治理主动性缺失的连锁反应是参与治理的能力还较为低下。从参与能力来看，中国的臣民型政治文化传统中，缺乏公民社会自治的传统，公民社会一直处于从属地位。政府管制型传统造成社会公众参与能力低下，在生态保护与治理中，一旦缺少政府的指导和管制，社会公众便无所适从，不知道该如何进行治理；另一方面，在社会公众参与治理中，普遍存在由于公民自身文化素质不高造成的治理能力低下的状况。社会公众对于生态功能区治理的相关理念理解不深入，对治理的科技手段无法准确运用，对治理的资讯信息接收能力低，对治理政策目标实现的可能性和途径认识不足，使得现实中公民参与治理的能力与参与要求不符，其行动显得笨拙，参与治理的效率低微。

（四）生态保护组织依附性强

长期以来，中国的社会团体、民间组织发展得非常不充分，独立性较差，对政府的依附和依赖性较强，难以发挥主导治理作用。中国的民间组织在社会公共事务治理中，并没有真正实现与政府之间的平等合作或博弈，更谈不上平等地参与治理，它们还不是纯粹意义上的民间组织，更像是一种政府主导下的准政府组织，中国的生态环境保护非政府组织也不例外。近年来，中国的环境保护民间组织取得了一定程度的发展，生态环境保护的非政府组织数量不断增多，生态环境保护的非政府组织名目繁多，但是治理作用发挥得并不充分。1994年，民政部注册批准成立的"中国文化书院·绿色文化分院"，即"自然之友"是中国第一个民间的环境NGO组织。1996年，"北京地球村""绿色家园"等环境保护非政府组织相继成立，成为中国环境NGO的领军者。此后，中国的环境NGO队伍逐步壮大，在全国各高校中绿色环境保护组织活动踊跃。但是，中国生态环境非政府组织整体上存在独立性差的特点，不能影响政府对生态环境的治理决策，另一方面，还得在政府的支持和庇护下谋求生存与发展。

四、生态治理中的利益分化严重

（一）中央政府与地方政府之间的利益分化

在生态环境保护与治理过程中，中央与地方政府的利益矛盾表现仍然十分突出。中央政府致力于生态文明社会的总体构想，提出环境友好型社会目标，积极地推进生态保护与治理工作的开展。中央政府在生态治理中掌握总体决策权，而生态环境保护与管理的具体责任却由地方政府来承担。《环境保护法》规定：地方各级人民政府应当对本辖区的环境质量负责。生态环境治理中的权责不一致，导致中央与地方政府之间存在矛盾冲突。中央政府和地方政府以社会公共利益最大化为基本目标，但是由于中央政府具有更加全局的高度和视野，所代表的利益也更广泛和长远。而地方政府在行政管理过程中除了按照中央的政策要求来行事之外，某种程度上要谋取局部利益。但是生态功能区的地方政府，却很难放弃经济增长的物质利益追求，仍以经济增长为核心利益诉求，对中央政府的环境保护方针阳奉阴违。而在争取国家对于生态功能区的生态补偿财政支持时，经常夸大生态功能区的破坏形势，争取从中央政府获得更多的财政扶持。这种系统内部，中央与地方政府的利益纠结，使生态功能区治理存在政令不畅通的局面，对于地方利益的追求会违背或牺牲生态公共利益。

（二）地方政府之间的利益分化

一个完整的生态功能区体系，在治理中往往归属于不同的地方政府共同治理。如重要生态功能区生态完整性受到行政区划分的影响。生态系统具有生态系统完整性的内在要求，一个完整的生态功能区往往跨越不同层级的行政区域。如京津水源地水源涵养重要区，该区包括密云水库、官厅水库、于桥水库、潘家口水库，是北京市、天津市重要的水源地涵养区。该生态功能区的行政区涉及北京市密云、延庆、怀柔 3 个县，天津市蓟县，河北省承德、张家口 2 个市，以及内蒙古自治区锡林浩特和山西省大同的部分地区，面积为 19967 平方公里。大别山水源涵养重要区位于河南、湖北、安徽 3 省交界处，行政区涉及河南省信阳 7 个县（市），安徽省六安等 2 个市 6 个县以及湖北省黄冈等 7 个县。生态功能区的跨行政区的特性势必给生态功能区的治理增加难度。

经济发展是各行政区地方政府的核心目标，出于自身利益和政绩的考虑，生态功能区治理中的"地方保护主义"十分严重，地方政府间关系微妙。完整的生态功能区往往被行政区划切割成不同的地方政府共同治理的局面。由于生态功能区的生态系统服务功能具有空间转移特性，生态功能区的治理就不能割裂，而应该是统一合作的治理。但是，由于地方政府在利益取向上存在差异，对于生态功能区治理投入和重视程度也不一致。有些地方政府重视经济利益，对于生态治理投入少，对于地方企业的污染行为采取保护政策。由此造成的生态功能区破坏和治理不力也要由相邻地区承担。这种治理的不同步与生态系统完整性相冲突，就会加剧地方政府之间的冲突。对于生态功能区的资源，各行政区政府争夺严重，而涉及生态环境治理又采取回避的态度推卸责任，"公地悲剧"依然存在。对于生态功能区的治理与保护是地方政府共同的使命，但是由于生态系统自身的状况不均衡和政府重视治理效果的不一致，就导致地方政府在生态功能区治理中的利益矛盾十分鲜明。出于对经济利益的追求和政绩攀比心态，地方政府往往会加大对生态功能区的开发，而将生态功能的破坏则推诿给相邻区域。地方政府为了凸显自身的绩效，在人才、技术等方面予以地方保护，各自为政的生态功能区治理状态普遍存在。地方政府之间的这种恶性竞争与不合作与生态功能区完整性、系统性治理的初衷相违背。地方政府对当地环境质量负责的管理体制在跨区域和流动性的生态环境问题上缺乏有效的治理手段和方法。跨区域和流动性是工业化时代生态环境问题的突出特点，环境保护和治理涉及中央和地方、地方和地方的利益分配。作为利益主体和当地环境质量的保护者，地方政府往往不会主动承担生态环境的治理成本，而是千方百计将它转嫁给中央或其他行政区域。[1]

（三）政府生态管理部门利益分化

在中国生态环境治理中，政府的环境保护部门负责统筹安排，但是在具体治理实践中还经常会与林业、农业、渔业等相关部门合作治理。而各部门同时代表一定的产业发展和行业利益，这就使得生态环境保护与治理上多头领导、政出多门的现象严重，生态环境保护与治理中的踢皮球、相互扯皮现象依然存在。上下级政府部门对相同的社会公共事务都有管理权限，下级部门要接受上级部门的业务指导。同级政府部门之间分工不同，但只有在生态治理中通力合作，密切配合，才能促进生态公共利益的实现。例如，对于严重污染型企业的治理，地方环境保护局出于职能所在，发现了企业的污染行为，作出相应的处罚决定，但是执法行为却经常受到地方政府官员的阻挠。地方政府官员出于当地经济发展的考虑，或是为了关照某些企业、集团的特殊利益，地方政府及其官员就会成为环境执法最大的阻力，阻止对相关企业和人员追究责任。如在水源涵养生态功能区治理中，环境保护部门以生态利益为重，积极推进生态治理的推进；而林业部门为了实现林业经济的收益，对于禁止采伐等政策会有所顾忌和规避；而退耕还林、退牧还草等治理策略的实施，使林业和农业部门陷入矛盾。利益的相互纠缠，管理中的权力掣肘，使生态治理陷入困境。

（四）政府与企业之间的利益分化

政府与企业在生态治理中的利益分化极大程度地导致政府权力寻租行为的发生。政府权力寻租具体体现在政府在实施治理过程中，与生态功能区内企业之间存在权力制衡和权力寻租现象。政府作为地方经济社会的管理者、调控者，通过营造环境、创造条件、扶持企业的方式间接地影响生态功能区内企业

---

[1] 李世源，刘伟. 对我国生态环境问题治理困境的政治学思考[J]. 天府新论，2007（6）：14.

的生产和经营活动。政府一方面要促进企业和相关行业的发展，另一方面会对企业和相关行业可能产生的生态环境破坏和污染行为采取措施予以限制和监管。对于符合生态功能区治理要求的行业企业，它们与地方政府生态环境保护的目标一致，冲突较小；但是与生态功能区治理要求不符的行业企业，如三高企业就与生态功能区治理存在明显的冲突，与地方政府生态治理目标也存在冲突。政府要保护和建设生态环境，就必须对违规企业的违规行为予以禁止；而企业要继续生存和获得经济利益，不甘心立即停止其生产和经营行为，即使调整产业方向也需要很长的缓冲时间。这时政府与企业之间产生冲突往往产生两种后果，一是一些企业为了获得自身的经济利益而无视政府监管，暗地里进行违规生产和经营行为；二是企业想方设法争取获得政府的支持，权力寻租和权钱交易的行为由此滋生。

（五）政府与社区居民之间的利益分化

生态环境保护过程中，政府与社区居民利益也存在分化。生态功能区内居民对于生态功能区有着深厚的情感，围绕生态功能区的治理产生复杂的利益纠结。由于政府生态治理行为的经常性、作用的普遍性，对生态功能区内居民的利益影响最为直接，二者之间的利益冲突也较为激烈。一种是由于生态功能区治理所引发的正面直接冲突，即为了实现生态功能区治理保护，政府采取强制性手段迫使区域内群众搬迁，这就会造成社区群众正常生活秩序的干扰和中断，激化双方的矛盾；搬迁使社区居民丧失了生活来源，而生态补偿不充分、补偿款和补偿物资不到位、补偿标准太低等问题不能够满足群众的需要，矛盾激化的结果是社区公众经常会以破坏环境作为对政府治理行为的报复。将生态功能区内的居民强制搬迁，打破了他们的生活方式和生产方式，人为的强制干预是对人类生态的破坏与改变。移民不愿意搬迁，政府强制搬迁，严重地激化了政府与社会公众之间的矛盾，甚至影响政府的公信力。二是在生态功能区治理中，相关行业的转产和改造，影响社区居民的就业和经济收入，陷入生存危机的群众也会将这种矛盾的焦点转嫁到地方政府身上，对于地方政府的治理行为表现出不满。对于公众来说，由于长期以来生产方式比较单调，缺少生存技能和本领，因此他们恐惧在他们的生产和生活中出现大的变化。

第四章 管制—公共治理：生态治理模式的发展态势

　　20世纪70年代以来，面对市场失灵和政府失灵，西方各国纷纷致力于寻找公共事务治理的新途径，"更少的政府，更多的治理"日益成为全球政府改革的主要特征及公共事务治理的新思路。"治理和善治理论的核心思想就是倡导公共事务的社会合作治理模式，合作治理因此大有被广泛应用于公共事务治理实践的趋势。"① 这种公共治理新思维的确立，对西方乃至全世界的总体发展产生了深远的影响。特别是20世纪80年代以来，"治理"一词风靡全球，治理理念所蕴含的"多主体""权力的多中心""回应性""互动""公开性""透明度""法治""公正""有效"等特质，从政府、市场、公民社会的多维度思考问题，使人们得以从一种更为灵动的视角分析和处理公共问题，日益成为人们分析和解决社会问题的一种新的范式。20世纪90年代，"治理"作为一种新的改革方案开始在西方发达国家十分盛行，成为研究政府变革的重要依据，也成为政府治理公共事务，解决公共问题，增进公共利益的重要模式。生态环境公共治理已经成为西方发达国家摆脱政府失灵、市场失灵，缓解生态环境危机、实现社会经济可持续发展的第三条道路。通过对中国生态环境治理的现实状况的深入分析，特别是对政府管制型治理模式的反思，我们不难发现，政府管制型治理模式已经难以满足中国生态文明社会对于生态利益的需求。因此，充分发挥市场调节机制、社会公众参与生态治理，实现生态环境公共治理已经成为生态治理模式的新的发展趋势。

---

　　① 谭英俊. 公共事务合作治理模式：反思与探索 [J]. 贵州社会科学，2009 (3)：14.

第一节　中国管制型生态治理模式的反思

政府管制型生态治理模式中，政府始终处于权力的中心地位，政府垄断资源的管理和审批权限，生态治理的重大决策几乎全部由政府做出。这样，就极大程度上抑制了企业、社会组织和公民参与生态环境治理积极性和主动性，生态治理效率较为低下。生态文明时代，对于政府管制型治理模式的反思，客观上为中国政府生态治理模式创新提供现实依据。

一、管制型治理潜在政府失灵的风险

政府管制型治理主体单一、治理权力高度集中，政府本身还存在理性有限、能力不足、效率低下等弊病，其中蕴含了生态环境治理政府失灵的潜在危险。

在政府管制型治理模式下，政府是治理的单一主体，由于缺少其他主体相应监管和决策的广泛参与，政府理性能力的不足无法克服，由此导致生态治理决策失误的情况绝非偶然。政府的理性有限，是指政府受到信息不足和思维能力的局限，在决策中难免会出现政府公共政策失误或是行为失范，由此引起对生态环境的破坏。生态环境保护政策应急性明显、稳定性不足和可行性不足的特点，也反映出政府单一主体的理性能力有限。在某种意义上，由于政府决策失误导致的生态环境破坏甚至超越了市场和社会组织所带来的影响，政府主导可能招致更多的生态资源破坏。正确的决策必须以充分可靠的信息为依据。但由于这种信息是在无数分散的个体及地区之间发生和传递的，政府很难完全占有，加之现代环境治理中的复杂性和多变性，增加了政府对信息的全面掌握和分析处理的难度。此种情况很容易导致政府决策的失误，必然对环境治理产生难以挽回的负面影响。

在政府管制型治理模式下，政府是生态环境保护与治理监管和投资的权威主体，由于政府能力有限，加之单一主体治理模式，使得政府监管不力、资金匮乏成为必然。政府进行环境治理，实际上是一个涉及面很广、错综复杂的决策过程。生态环境保护事关社会公众的生态利益和经济利益，关乎近期利益和长远利益的协调，政府单相度的投入和管理无法调动群众的积极性，是造成中国生态功能区投入不足和管理失效的重要根源。政府面对大量纷至沓来的环境权益冲突事件时，往往是心有余而力不足。

政府自身效率低下导致生态环境治理效率的低下。办事效率低下，一直是中国政府无法摆脱的弊病，也是中国政府力图克服的重要缺陷，时至今日，仍然没有得到良好的改进。在政府管制型治理模式下，政府的行动效率直接影响到生态保护与治理的效率，如关于加强生态功能保护区建设的政府意向早已明确，但是行动上还很缓慢。政府管制型治理模式下，政府对社会和市场的动员有限，政府是生态环境治理中的资金来源和投入主体；生态环境保护与治理投资大、见效慢，高的财政负担使政府的持续投入出现困难，直接影响了生态环境的保护与治理。管制由政府直接实施，其效果取决于政府执行力度和企业及社会公众的接受程度。在政府管制型治理背景下，企业和社会公众处于被动地位，对生态保护与治理的主动性、积极性不强，致使接受能力低下，政策执行成本巨大，治理效率低下。

二、管制型治理干扰市场调节作用发挥

政府管制型治理模式下，政府对于市场管制十分严格，政府的宏观调控机制过多、干预市场机制的情况屡见不鲜，严重抑制了市场机制的发展及其作用的发挥，从而导致生态环境治理中市场失灵的发生。长期以来，某些官员盲目追求经济指标的增长，为了实现经济增长获得政绩，政府甚至直接进入市场干预竞争，破坏和干扰市场秩序，影响和制约市场机制对生态环境保护的调节。本该由市场发挥的功能被政府阻断，由于政府的强行干预挫伤了市场自发调节的积极性；本来应救治市场失灵的政府，却在政绩驱动下放弃监管和救治，放纵企业和市场违规行为，助长了市场失灵。政府管制型治理模式下，政府垄断权力，不肯放权，政企不分现象严重，导致权力寻租行为的蔓延，也加剧了生态环境的破坏。如企业通过寻求政府对现有环境治理政策的改变而获得政府特许或其他政治庇护，垄断性地使用某种稀缺资源等。在这种情况下，大权在握的政府官员受非法提供的金钱或其他报酬引诱，作出破坏生态环境、损害公众生态利益的行为屡见不鲜。

三、管制型治理抑制社会自组织效能发挥

政府管制型生态环境治理仍以强制性的行政方式为主，生态环境治理工作的公开性、透明度和法治化程度较低、公众参与机制不健全，严重地抑制了社

会公众和自组织的参与生态环境的治理活动。

政府管制模式冲淡了其他社会主体的治理意识。政府管制型治理模式最经常采用的手段就是强制性的行政命令、行政干预手段，很大程度地抑制公众的参与意识；政府大包大揽的治理方式使公众觉得自身是生态治理的局外人，只有政府才是唯一的主体。久而久之，助长了社会公众逃避治理的惰性。政府单一主体治理的直接后果，是家长包办式的治理模式压抑了公众对于生态公共利益治理的参与热情，导致了生态建设中普遍存在着公众参与意识淡薄、居民参与程度低的状况。在中国，生态环境治理普遍被认为是政府重要的职能，政府应该全权负责、企业或者其他组织参与环境管理意识较为淡薄。政府管制型治理导致的直接后果便是社会公众对于生态保护与治理理念与行动上的不积极，严重地影响了社会力量的发挥。

政府管制模式的信息不对称干扰了治理行为。政府模式用于克服哈丁的"公地悲剧"的理论假设，只有在公共管理机构保持信息开放和信息对称的基础上才能发挥效用。但事实上，中国生态环境政府管制型治理中，经常面临信息不对称问题。关于生态环境治理的相关信息往往被政府部门垄断和封锁，缺乏信息公开是政府管制型治理的典型特征。对于生态环境保护与治理理念的宣传方式方法僵化，行政任务性色彩浓厚，导致公众被动地接受，缺少实践热情。生态系统的复杂性、区域的广阔性、利益主体的多元性，使得管理者很难获得完全充分的信息资源，这就造成生态环境治理政策和制度的制定困难或脱离实际，从而造成的治理成本居高不下，甚至治理失效的问题。

政府管制型治理模式下，制度性约束机制阻碍社会自组织体系的发展。尽管在中国生态环境治理领域的非政府组织日益增多，并推动了公众参与环境治理需求的产生，但在政府主导管制型治理模式下，其组织合法性问题还缺乏法律的支撑，其合法参与治理的机制还不健全。目前，生态环境自治组织和中介组织力量薄弱，还缺乏和政府部门合作治理的能力。按照中国民政部的相关规定，民间社团、非政府组织的注册必须要挂靠在某个政府部门，或是在业务上归政府部门领导。在这种情况下，环境保护非政府组织只能依附和从属于政府相关部门，其独立性差、依附性强的现状就由此产生了。另外，多数政府部门不愿意接受非政府组织的挂靠，一些生态环境保护组织无奈只能以企业形式注册，还必须上缴营业税。缺乏合法的身份和获得生存发展的空间，影响和制约环境保护自组织体系的发展。

四、管制型治理加剧相关主体利益纠结

生态服务功能修复本身的复杂性与长期性，增加了治理难度，而政府管制型治理模式加剧了生态治理中多元利益纠结。

委托代理的治理机制引发中央政府与地方政府的利益纠结。中国有着长期中央集权的历史，地方自治传统薄弱，从而造就出中央集权文化与地方宗族政治文化、礼治政治文化的结合体。在中央集权体制下，地方政府直接隶属于中央政府，服从中央的指挥，接受中央的监督和干预。地方政府权力来源于中央，中央可随时根据形势的需要对地方政府的权力进行调整。这种"强中央、弱地方"的传统，造成了地方政府自主治理权的严重缺失。① 生态环境政府管制型治理模式存在委托代理关系，具体指中央政府委托地方政府行使生态环境管理权，国家环境保护部委托地方环境保护局具体负责监督和管理。当前，中国中央政府对于地方政府的绩效考评，主要是以经济指标为重，造成地方政府更注重短期经济增长的追求。政府系统的自利性与公共利益的冲突、对于当下经济利益的诉求与立足长远的生态利益关怀存在利益纠结，多元的利益冲突是我们必须修复的症结。而生态功能区治理具有长期性，短期内很难看到地方政府政绩，因此，地方政府经常忽略中央政府委托的生态环境治理职能，加大经济发展的直接利益驱使，使其在生态环境治理中实际不作为。

政府管制型治理模式也加剧了政府部门之间的利益纠结。长期以来，政府治理中一贯坚持的条块结合的管理体制，造成生态功能区多头治理、无人治理的悖论。生态保护建设与管理主要是由国家环境保护部总体统筹，林业、农业、海洋等相关部门协调管理；在生态功能保护区内设立相应的保护区管理委员会，但是行政权属上仍是由各级地方政府组织治理。行政区划的刚性分割、管理层级复杂、行政部门交叉管理，是造成生态环境治理效果欠佳的重要体制根源。强制性的制度变迁，缺少必要的完善的利益表达和利益协调机制，造成利益相关者利益表达受阻，被抑制的利益需求一旦受到外界刺激就形成利益冲突。生态功能保护的生态系统完整性与行政管制的地方割裂性矛盾。生态功能区划要求遵从生态系统的规律，从完整性、系统性的角度实现生态功能区治理，而现实的行政区划却恰恰对生态功能区进行刚性地分割治理，这种体制弊端限制了生态环境治理与生态功能维护的实际效果。传统的政府治理模式一直

---

① 麻宝斌，戴昌桥. 中美两国地方治理模式比较 [J]. 吉林大学社会科学学报，2008（5）：122.

是以刚性的划分行政区域，然后按照行政区域界限由行政区域的政府机构负责管辖区域内部的公共事物，这种方式已经沿袭了几千年。在此背景下，具有统一生态特性和主导功能的生态功能区域被分割成若干个单元，由不同政府和行政主管单位分而治之。违背生态规律的行政区划刚性治理模式导致了生态治理的不同步、不均衡，对生态系统的整体功能维护造成了影响。

政府管制型治理放大政府的自身利益，导致其与其他利益主体利益纠结严重。尽管追求公共利益最大化已经成为当代政府的重要使命，但是不可否认的是政府本身并非是超利益组织，政府中立有限；而政府中的工作人员，特别是政府官员普遍存在政绩冲动与自利需求。由于政府自身存在自利倾向，作为决策者和实施者的政府官员也有经济人的一面，政府片面重视经济增长，政府的政绩冲动与官员的自利性模糊了政府的环保责任。在政府管制治理背景下，权利缺乏有力的监督，政府的中立有限就导致政府的权利寻租，抑或是政府出于政绩考虑，不惜牺牲生态环境发展经济。在政府管制型治理模式下，规制型治理方式使企业的环境保护行为处于被动状态，企业经常会以逃避政府制裁，或是谋求政府的支持作为其参与治理的目的，并不是把生态环境保护作为直接的内在动因。企业以谋求经济利用最大化为直接目的，为了实现赢利的目的，企业只有将赢得政府支持作为其生存与发展的重要条件，这样，政府与企业之间的监督管理、权力寻租等利益纠结不断。

政府管制型治理忽视多元主体的利益诉求。利益表达是公共利益主体维护公共利益的基本手段，政府主导治理模式缺乏常规化、制度化的利益表达机制。生态环境政府管制型治理过程中，侧重于生态环境保护与生态功能维护与修复，必将影响到相关利益主体的社会经济利益的实现，特别是生态功能区内的企业和居民受生态功能区生态保护与治理行动的影响最为直接，他们对于生态功能保护所采取的态度直接影响生态功能区的生态环境治理效果。由于政府管制型治理模式的存在，在治理中以政府强制性制度变迁和政策执行为主要手段，治理过程表现为中央政府制定规划，地方政府和政府行政部门负责层层推进落实。社区参与不足导致居民正当利益难以得到保障。生态功能区内居民是生态环境保护治理的主要力量，当地居民作为主要利益相关者之一，有权对治理规划的制定与实施表达意见和要求，但由于缺少利益表达机制，他们的利益要求被压制。中国开展的一系列的生态保护建设工程，如天保工程、退耕还林、退耕还草等工程，是中央政府出于对生态功能维护和治理的角度制定和推行的。这些生态治理的重大举措主要依靠行政手段强制推行，虽然在短时间内就取得了一定的成效，但是由于规划和制度设计中对利益相关者的利益要求考虑不充分，利益冲突还存在，影响政策效力持续和稳定的发挥。这些冲突产生的根源在于政府管制型治理模式下，权利单向行使，缺少利益相关者的参与和回应的机制。管制型的治理机制不能有效协调利益主体之间的关系，对于其他主体的利益要求采取回避和压制的态度，使得社会力量参与生态环境治理的动力不足。

第二节　中国生态治理模式创新的理论依据

20 世纪 90 年代以来，新公共管理理论日益成为西方发达国家中政府管理方式创新的理论依据。新公共管理提出引进企业精神，限制政府权力和职能、缩减政府规模、限制政府行为和运行机制等，建立"小而能的政府"，建立一个新型高效政府。随之兴起的新公共服务理论是新公共管理理论的延伸，吸收新公共管理理论与新公共服务理论精华对于完善中国政府治理模式具有重要的意义。

一、"新公共管理"理论

20 世纪 70 年代以来，伴随着全球化、信息化，以及知识经济时代的来临，西方国家传统的政府运行机制遭受挑战，政府机构臃肿、行政效率低下、政府财政赤字增加等问题十分突出。20 世纪 80 年代开始，源于政府治理角度的考虑，提高政府绩效、改革政府成为一种必然，一场席卷全球的政府改革浪潮迅速波及全球。这就是"新公共管理运动"（New Public Management），或称"政府再造运动"。

（一）新公共管理的观点

"新公共管理"理论主要是围绕政府职能转变以及政府治理模式创新的理论，具体包含以下观点：

（1）政府的职能定位应该是掌舵而不是划桨。"新公共管理"主张政府在管理中主要是发挥"导航"和"掌舵"的职能，政府应该把管理和具体操作分开，政府只起掌舵的作用而不是划桨的作用。传统公共行政管理中，政府的主要职责是提供具体服务，政府对社会的管理是包办一切、命令一切的管理方式；"新公共管理"主张政府职能重点应该制定政策而不是执行政策，政府协调、调动各种社会力量对社会的管理，为社会的健康发展服务。

（2）强调顾客服务导向的管制，主张建立个别接触与一站式服务机制。"新公共管理"认为，政府服务应以顾客或市场为导向；也就是说，政府的社会职责是根据顾客的需求向顾客提供服务。坚持顾客或市场为导向，政府转变为有责任心的企业家，而不再是凌驾于社会之上的封闭的官僚机构；与此同时，公民就成为"顾客"或"客户"，而不只是被管制的对象。顾客或市场为导向，为公众创造了更多的选择权，对推动政府改善工作机制具有积极的意义。

（3）授权或分权的方式进行政府管理。"新公共管理"认为，政府必须更多地授权给公民、志愿组织和其他非政府组织，授权或分权的机构更有灵活性，更有效率，更有创新精神，更便于调动民间的积极性来进行自我管理、参与和协助政府进行管理。政府也要加强与公民、志愿组织和其他非政府组织的合作。与传统的官僚制相比，授权或分权使基层人员拥有自主权，更容易适应快速多变的外部环境；分权和授权有助于机构成员士气的提高，责任感增强，从而提高效率。

（4）政府应广泛借鉴私营部门成功的管理手段和经验。"新公共管理"认为，政府不能再沿用过去的完全由政府管制的人政府、全能政府的模式对社会实施管理，而必须广泛采用私营部门成功的管理手段和经验，更多地应用市场和经济手段，广泛采用企业中成本—效益分析、全面质量管理、目标管理等管理方式。政府可以采取决策与执行分开，借鉴和应用私营部门的某些管理办法，经过民营化或半民营化的公共部门更了解公众的需求，了解公共管理的关键，从而提升社会治理效率。

（5）政府应在公共管理中引入竞争机制。政府应通过各种形式引入竞争机制，取消公共产品供给的垄断，"新公共管理"强调政府管理引入竞争机制，让更多的私营部门参与公共服务供给，从而提高服务公共的质量和效率。而通过引入竞争机制，对某些公营部门实行民营化，增强成本意识，改善行政管理，提供优质服务。传统的观念认为，公共服务领域应该由政府单独承担，而"新公共管理"取消公共服务供给的垄断，让更多的私营部门参与公共服务的供给。

（6）政府应放松行政规制，实施明确的绩效目标控制。"新公共管理"反对传统公共行政刻板地执行法律规范，轻视绩效测定和评估的做法。主张政府应摆脱繁文缛节的束缚，放松严格的行政规制，实行严明的绩效目标控制，根据目标制定必要的规章和预算。即确定组织、个人的具体目标后，放手让人们去履行各自的责任，与之签订绩效目标对完成情况进行测量和评估，至于怎么做则无须管制过细。这使得行政组织由"规则驱动型"向"任务驱动型"转变。

（7）公务员不必保持中立。"新公共管理"则正视行政活动所具有的浓厚的政治色彩，认为要求公务员完全保持政治中立是不现实的。行政活动本身就具有浓厚的政治色彩，对部分高级文官实行政治任命，要求其承担相应的政治责任，有助于他们在参与政策的过程时保持他们的政治敏锐性，使他们更加正确地理解政策的目的和意图。

（二）对治理模式的影响

"新公共管理可能代表着走向一种全新的公共行政模式的方向，是政府变迁中一个新时代的开始。"[①] 新公共管理理论具有鲜明的市场化取向，新公共管理理论强调效率，也强调与其他价值的平衡。它重视从私营部门管理活动中吸取经验，认为私营部门的管理实践和技术优越于公共部门，坚持私营部门管理的普遍化，公共部门可以应用私营部门的管理技术和管理方法，可以通过市场竞争机制带来的压力提高公共管理者的绩效水平。在市场机制下，顾客取向也十分明显，政府应该是负责任的企业家，而不再是高高在上的官僚组织，公民则被看成是顾客，政府要对顾客负责，要使顾客满意。在市场化导向和顾客导向的基础上，新公共管理逐渐形成以市场取向为主的治理模式，市场化模式在西方国家政府治理方式变革中备受推崇。市场模式主张打破大政府垄断，主张将政府决策和执行的权力分散。在治理过程中，政府与其他社会力量共同形成相互依存的网络体系。政府可以通过分散权力将大的部门分解，并且利用私人组织或半私人组织来提供公共服务。在这一网络体系中，政府主要是承担制定共同准则指导行动及确定大方向，它不具备最高的绝对权威。新公共管理理论及其相应的治理模式主张看到了传统官僚制理论及其治理模式的弊病，认为官僚及官僚机构的自利行为是政府失败的基本原因。因此，主张摆脱官僚制自上而下的控制，相信市场作为分配社会资源的机制的效率，通过市场机制和私营

---

① 张康之. 社会治理的历史叙事 [M]. 北京：北京大学出版社，2006：188.

部门的调节完善政府治理模式。

二、"新公共服务"理论

西方国家新公共管理的兴起，对传统公共行政理论进行了无情的批判。但是，当新公共管理理论在欧美等西方国家风靡之时，不少学者对其倡导的企业家政府理论提出了尖锐的批评，新公共管理理论也遭到了来自于多方面的质疑。以珍妮特·V. 登哈特和罗伯特·B. 登哈特为代表人物所提出的新公共服务理论日益成为新公共管理的替代模式。新公共服务理论作为一种理论创新，是新公共管理的延伸与发展，代表未来公共管理理论发展的方向。"所谓新公共服务，它指的是关于公共行政在以公民为中心的治理系统中所扮演的角色的一套理念。作为一种全新的现代公共行政理论，新公共服务理论认为，公共行政已经经历了一场革命。目前，与其说公共行政官员正集中于控制官僚机构和提供服务，倒不如说他们更加关注'掌舵'而不是'划桨'的劝告，即他们更加关注成为一个更倾向于日益私有化的新政府的企业家。"[①]

（一）新公共服务理论的基本内容

当代新公共服务在人民主权的前提下，把公共利益和为公民服务看成是公共管理的规范性基础和卓越的价值观。认为作为公共管理最主要主体的政府，其基本职能既非亲自"划桨"又非代替公民来"掌舵"，而是服务于公共利益。在对新公共管理批判的基础之上，结合民主社会的公民权理论、社区和市民社会的模型、组织人本主义和组织对话理论提出了新公共服务的 7 条原则[②]。

（1）服务于公民，而非服务于顾客。新公共服务理论认为，公共管理者不仅要关注顾客的需求，政府必须关注公民的需要和利益。公务员不仅仅是要对"顾客"的要求作出回应，而且更要把服务对象看作是具有公民权的公民，要集中精力与公民以及在公民之间建立对话与合作关系。公共利益不是由个人的自我利益聚集而成的，在新公共服务理论家看来，政府与其公民的关系不能等同于企业与其顾客的关系。

（2）追求公共利益。公共利益是管理者和公民共同的利益和共同的责任，

---

① 丁煌. 当代西方公共行政理论的新发展——从新公共管理到新公共服务 [J]. 广东行政学院学报，2005（6）：7～8.

② ［美］珍妮特·V. 登哈特，罗伯特·B. 登哈特. 丁煌译. 新公共服务：服务，而不是掌舵 [M]. 北京：中国人民大学出版社，2004.

公共利益是目标而非副产品。新公共服务理论认为，公共行政官员必须致力于创建集体的、共享的公共利益。建立社会远景目标的过程并不能只委托政治领袖或公共行政官员，这个目标不是要在个人选择的驱使下找到快速解决问题的方案，而是要创造共享利益和共同责任。基于此，广泛的公众对话和协商在确立社会远景目标或发展方向中至关重要。公共利益"是一种思维模式。该模式力争保持一种献身于社会发展的精神，一束投向遥远未来的目光，以及包容一切的公平感。它认为，公务员能意识到自己首先是公民中的成员，自己的命运沉浮将取决于公共利益以及在公共行政活动中得以实现的公平。"①

（3）重视公民权胜过重视企业家精神。新公共服务理论认为，公共管理者和公民要比具有企业家精神的管理者更好地促进公共利益和公共服务，因此要超越企业家精神，重视公民权和公共服务，公民权和公共服务比企业家精神更重要。新公共管理理论提倡公共行政官员采取企业家的行为方式和思维方式，这是一种十分狭隘的目的观；在新公共服务理论家看来，所追求的目标只是在于最大限度地提高生产率和满足顾客的需求。乐于为社会作出有意义贡献的公务员和公民，比那些试图将公共资金视为己有的企业管理者更能够促进公共利益实现。

（4）战略地思考，民主地行动。新公共服务理论认为，满足公共需要的政策和方案可以通过集体努力和协作过程得以实现，在思想上要具有战略性，在行动上要具有民主性，通过民主的程序使管理最有效并且最负责任地实施。在新公共服务理论家看来，为了实现集体意识，需要规定角色和责任并且要为实现预期目标而确立具体的行动步骤。而且，这一计划是要使所有相关各方都共同参与对一些将会朝着预期方向发展的政策方案的执行过程，而不仅仅是要确立战略，然后由政府官员执行。要确保政府具有开放性和可接近性，政府是有回应力的，政府存在的目的在于为公民服务，满足他们的需要；否则，就不会有政府。

（5）责任的非单一性。即公务员不应当仅关注市场，还应该关注法令和宪法、社区价值观、政治规范、职业标准以及公民利益。传统的公共行政理论以及新公共管理理论都倾向于将责任问题简单化。然而，新公共服务理论认为，基于当今公共服务的需求和现实，责任问题其实极为复杂，公共利益、宪法法

---

① ［美］特里.L.库柏.张秀琴译.行政伦理学：实现行政责任的途径［M］.北京：中国人民大学出版社，2001：74.

令、其他机构、其他层次的政府、媒体、职业标准、社区价值观念和价值标准、环境因素、民主规范、公民需要在内的各种制度和标准等复杂因素对公共行政官员产生综合影响，而且要求公共行政人员应该对这些制度和标准等复杂因素负责。

（6）政府的职能是服务，而非掌舵。在新公共服务理论家看来，公务员越来越重要的作用就在于帮助公民表达和实现他们的公共利益，即公共管理者应该重视帮助公民表达和实现他们的公共利益，而不是试图通过控制或掌舵在新的方向上控制或驾驭社会。尽管在新公共管理背景下，政府在为"社会掌舵"方面扮演着十分重要的角色，取得了一定的成绩。但当今时代，公共政策承担了社会领航的任务，现今政府的作用在于与私营及非营利性组织一起为促进公共问题的解决进行协商提供便利。

（7）重视人而不只是效率。在新公共服务理论看来，要想使公共行政官员善待社会公众，那么公共行政官员本身应该首先受到公共机构管理者的善待。新公共服务理论家在探讨管理和组织时十分强调"通过人来进行管理"的重要性。新公共服务理论已经充分认识到公共行政官员的工作面临着压力和挑战，极其复杂。但新公共服务理论家却认为，从长远的观点来看，在组织成员的价值和利益并未同时得到充分关注的情况下，试图控制人类行为的理性做法很可能要失败。公共行政官员既不像新公共管理理论所主张的那样只是市场的参与者，也不像传统公共行政理论所认为的那样只是一种职业雇员，他们应该是立足于公共服务，并且拥有为社会做贡献的强烈愿望的一群人。为实现为公众服务的愿望，对公共行政官员合理适当的授权显得特别重要。

（二）新公共服务对治理模式的影响

新公共管理理论及其主张的市场化治理模式在风靡欧美等西方国家之时也遭到了来自于多方面的质疑，新公共服务的最大贡献就是要"颠覆"新公共管理的价值优先性，对其坚持的顾客导向、市场导向提出了批判，进而形成参与式政府治理模式。参与式政府模式在观念形态上几乎与市场模式相反，它倾向于寻求一个政治性更强、更民主、更集体性的治理机制。在思考治理制度时，极为关注民主价值。彼得斯在描述未来政府的治理模式时提出了参与式国家的4种参与机制：

（1）监督。公民可以对政府的制度运作及其服务质量进行监督和评判，政府公共服务绩效评估标准也要在公民参与的条件下建立起来。

（2）授权。参与式管理模式注重决策过程向下层延伸，政府组织内基层员工应该介入和参与组织决策，培养低层员工和公民影响决策方向的能力，认为大部分政府决策可以由大量的低级员工作出，使以顾客为导向的治理方法可能会转变成如何管理民主体制的概念，通过鼓励员工、顾客和公民参与制定政策和管理决策，增强员工独立决策和影响组织政策方向的能力，进行最大限度地参与，实现公共利益。

（3）对话。参与式模式强调公共决策应该在决策者和公众之间的对话过程中进行。公民可以直接与政策观点不同的公民讨论，也可以直接与政府机关协商，通过对话的协商机制，增强共识和共同的责任感，从而有利于确定和实现符合公共利益的目标。

（4）选择。与市场模式下的消费者选择方式相比较而言，参与式国家中的消费者选择方式更具有政治性，公民有选择政策和公共服务的机会，以此增进公共利益的最大化。

三、"新公共管理""新公共服务"理论评析

新公共管理理论自产生以来，就与西方社会掀起的大规模的政府改革活动紧密相连，对于西方社会政治行政体制改革发挥了积极的作用。但是，面对复杂多变的社会形势，新公共管理理论也遭到多方面的质疑，甚至在新公共服务理论兴起后，有不断被替代和超越的趋势。公正客观地对新公共管理理论与新公共服务理论进行评价和分析，对于完善中国政府治理模式具有重要的意义。

（一）新公共管理理论评析

新公共管理对于西方国家政府改革发挥了积极作用，表现在其理论与模式对传统官僚制模式的超越。新公共管理理论与运动，是对韦伯传统官僚制理论与实践模式的超越。市场化取向、企业家政府、顾客导向等理论主张的提出，在传统的官僚制难以应对西方国家所出现的财政危机和社会危机的情况下，引入新公共管理理念，对于提高行政效率，放松行政管制，帮助西方国家摆脱危机方面起到了进步的意义。

但是，作为一种理论，就难免遭受实践的挑战。在其风靡欧美等西方国家之时也遭到了来自多方面的尖锐批评。很多学者对包括新公共管理理论基础、理论导向在内的多个方面进行了深入的批判，提出了新公共管理理论的局限性：

（1）对新公共管理理论基础的批评。新公共管理承袭了现代经济学理论的"经济人"假设，并从"经济人"假设出发进行公共部门的制度设计，被认为是经济学理论、技术和方法的滥用。新公共管理模式以公共选择理论和新制度经济学为其理论基础，这是新公共管理与民主社会核心价值的冲突，体现了经济学跨越学科向公共部门管理领域的扩张和渗透，被"经济人"假设驱使，公共组织也将更多地关注个人利益，而非公共利益，这样就会导致公共利益与公共伦理的危机。

（2）对新公共管理理论抹杀公私部门的区别、强调企业化政府理念的批评。新公共管理理论认为，管理仅仅是一种技术，公共部门与私营部门在管理上无本质差别。新公共管理建议政府采用以市场为基础的制度设计，把企业部门的管理理念和方法引入到公共部门的管理中去，将企业家精神贯穿于公共管理的整个运行机制过程中。新公共管理理论忽略公共行政运作的生态环境与企业管理所面临的环境的差异，抹杀公私部门的区别，必将导致理论上的失败。我们应该看到，在复杂多元的现代社会里，公共部门所需要的知识、技能与企业部门有着本质上的不同，公共决策必须经过一个各相关利益群体互动博弈的过程。新公共管理还忽略了公私部门在管理目标上的差异，市场机制的基本动力是对个人利益的追求，管理目标是个体利益最大化。公共部门则努力实现社会的公共利益，可能没有市场机制效率高，但它却能最大限度地保证公共利益。基于此，将企业家精神植入政府公共部门，就会使公共部门偏离管理目标，造成治理决策与治理行动的短视。

（3）对"掌舵"而非"划桨"的政府角色定位的批判。很多批判者认为，新公共管理把政府的角色界定为"掌舵"是不合适的，而且在实践中也是不可能的。按照新公共管理"经济人"假设，行政官僚势必追求个人效用最大化，加之政府理性的有限性，决定了由政府"掌舵"，也就是政府掌控社会发展的方向是不理智的，甚至会导致灾难性的后果。社会发展的方向等重大决策应该在社会公众广泛参与的基础上作出，而非政府直接"掌舵"就能控制的。公共政策代表公共利益，公共政策的公共属性都要求在广泛参与的基础上决策。

（4）"顾客"导向存在误区。新公共管理坚持"顾客导向"，政府的社会职责是根据顾客的需求向顾客提供服务，政府的绩效考核源于"顾客满意"。但是，公营部门与私营部门存在本质上的区别，公营部门应该以追求公共利益作为根本诉求，代表公民利益，但是公民与顾客是有区别的概念。公民是个范围广泛的概念，角色也较为复杂，按照市场经济的逻辑，政府会对不同的顾客区别对待，这有悖于政治民主、政治平等性的追求，因此，新公共管理的顾客导向也存在局限。

（二）"新公共服务"理论评析

由罗伯特·B. 登哈特提出的新公共服务代表了公共行政理论一种新的发展趋向，尽管新公共服务理论是在对新公共管理理论进行反思和批判的基础上提出和建立的，但是，这并不意味着它是对新公共管理理论的全盘否定。新公共管理理论基础与新公共服务理论有着本质区别，新公共管理建立在个人利益最大化的经济观念之上，"新公共服务"具有深厚的思想传统，新公共服务理论建构于民主社会的公民权理论、社区和市民社会理论以及组织人本主义和公民对话理论基础之上。民主社会的公民权理论倡导公民积极参与，主张参与式政府治理模式。对新公共管理理论而言，新公共服务实现了对新公共管理的超越。

（1）关注公共利益。新公共管理认为，个体自我利益的叠加就能实现公共利益，相信政府机构追求自我利益的同时，能够实现公共利益，最终使公共和个人问题都能达成满意的解决。新公共服务理论则认为，新公共管理理论坚持自我利益是公共行政动力的观点在一定意义上否定了集体行动的作用，造成了公共利益的缺失。新公共服务理论认为，公共利益是一种共同的事业，政府不应该仅仅关注顾客自私的短期利益，主张政府要确保公共利益居于主导地位。政府与公共行政官员应该积极地为公民表达自己的价值观念，形成共同的公共利益观念建立对话协商机制。在参与民主谈话的过程中，增强公民对世界的理解力，超越狭隘的自我利益，与政府共商社会应该选择的发展方向，政府的作用在于致力于公共利益观念及创造共享利益与共同责任。

（2）强调公民权利。新公共服务理论认为，新公共管理理论鼓励公共行政采取企业家的行为方式和思维方式，就会导致公共行政官员致力于最大限度地提高生产率和满足顾客的需求；而政府与公民之间的关系是不同于企业与其顾客之间的关系的，新公共管理的顾客导向导致其所追求的目标狭隘化。新公共服务坚持认为，公民权和公共服务比企业家精神更重要，提出了"公民优先"的理念。公民优先观念对依据市场模型的顾客满意和依据公民身份模型的公民满意作了区别，指出把公民当成顾客的局限性，即在与政府的关系中，公民必须首先是公民，政府必须对公民需要和利益作出回应，而不只是回应顾客需求。在新公共服务理论看来，政府的所有者是公民，而公共行政官员不是公共机构的所有者。公民优先鼓励政府对公民的呼声作出快速敏捷的反应，也号召越来越多的人去担负起公民的责任。

（3）对政府角色的重新定位。新公共服务认识到，社会政治生活领域的变化，使政府地位和角色发生变化，政府不再是处于控制地位的掌舵者，而行政人员更多地承担和扮演"公共资源的管家""公民权和民主对话的促进者""社区参与的催化剂""街道层次的领导者"的角色。新公共管理的观点是政府要掌舵，但是伴随民主观念的发展、科技的发展使越来越多的公众有机会参与到政策的制定过程。政府的管制和命令要让位于与私人的或非营利性组织协同行动，新公共服务对于公共利益的追求也要求重新认识政府的功能和角色。政府功能发生从指导到协调的转变，政府通过激励而不是指令，协调与促进社会利益主体，促进利益满足和利益平衡。作为负责任的政府，将越来越多地扮演调解者、仲裁者的角色。

（4）关注人，而不只是关注生产率。在新公共服务理论看来，公共行政官员是拥有为社会做贡献的强烈愿望并致力于公共服务的群体。公共行政官员面临较大的工作压力和复杂的职业挑战，要求公众要关注和善待公共行政人员，摆脱传统的职业雇员的观点；公共行政官员被合理适当的授权，并且得到公共机构管理者的善待，公共行政官员才可能善待社会公众。对公共行政官员的关注，使公共行政官员更愿意满足公众的愿望，更容易使公共组织的目标得以实现。

四、"新公共管理""新公共服务"理论的启示

经过改革开放 30 多年的建设，中国社会经济发展取得了良好的成效，建设生态文明社会，实现可持续发展成为新时期中国政府和人民的重要使命。新公共管理、新公共服务理论给西方社会政府治理模式变革提供了理论指导，吸收其理论精华，完善中国政府治理模式，特别是完善中国政府生态治理模式，对于推进生态文明建设进程具有时代意义。然而，中国政府治理方式的转变和改革又有自己的特殊背景。因此，对新公共管理理论与新公共服务理论的中国适应性作出分析，进一步指出中国政府生态治理模式发展的基本方向。

（一）理论的中国适应性分析

对于中国而言，应该结合中国国情以及中国政治体制改革的实际需求，构

建适合中国国情的政府管理模式。新公共管理理论、新公共服务理论所倡导的市场治理机制和社会参与机制具有较强的借鉴意义，但是由于中国特殊的发展阶段，尚不能完全提供理论扎根的土壤，就意味着不能完全照搬新公共管理和新公共服务理论，因为还存在适应性难题。理论难以适应表现在以下几方面：

（1）社会经济发展状况不同。不同的社会经济基础决定政治体制建构的差异，"新公共管理"的实现是以成熟的、高度完善的市场经济体制为前提的。20世纪80年代以来，大多数西方发达国家开展"以市场化为取向"的政府改革和政府再造活动。1978年以来，伴随改革开放理念的提出，中国社会也开始了"以市场化为取向"的政府改革。但是，中西方市场经济的发育程度有着很大的差别，中国市场经济的不成熟决定了新公共管理存在适应性障碍。西方的市场化导向的新公共管理运动是在市场经济已经发育得很完善很成熟的前提下开展的，成熟的市场体系支撑新公共管理的施行。通过政府放权和减少政府干预，让市场机制充分发挥调节作用，在公共服务的供给领域也可以借助市场机制增进公共利益；与之不同的是中国的市场经济还处于发展的初期，各种制度规范尚未建立，中国正处于由计划经济向市场经济的转轨时期，"以市场化为取向"实际上是指从计划经济向市场经济转变的过程，目前我国仍处于这个发展阶段。市场发育还很不完善、市场化程度低，与之对应的竞争观念、效率观念的匮乏，使得经济资源配置混乱、政府干预广泛，也就是说新公共管理实现的市场机制还不具备，对新公共管理的引入还需要审慎的考量。

（2）科学技术基础不同。科技文明需要政府积极有效的治理和推动，同样，科技进步也召唤政府治理的变革。20世纪80年代中期以来，西方发达国家信息产业增长迅速，西方国家已经由工业社会进入到后工业社会，以知识经济为基础的后工业社会对传统官僚制行政模式提出了挑战，为新公共管理改革实践提供了现实基础。全球化、信息化、知识化和智能化成为推动社会发展的动力，在此背景下，西方社会经济生活的运转节奏不断加快。西方发达国家的行政改革是在信息技术发达的社会开展的，政府改革前已经处于信息社会；尽管中国也处于信息社会的时代背景之下，但中国信息技术发展的不平衡性以及社会系统内部的分化，使中国整体上还处于农业文明向工业文明转型的过程中，新公共管理的技术基础也不成熟。

（3）社会自治体系状况不同。新公共管理实践是建立在社会具有很强的自治能力的基础上的，"新公共管理"主张分权给市场和社会力量，让市场和社会自治体系发挥调节作用，这就需要有一批发育成熟的、自我管理能力和自治能力较强的社会自组织体系。而我国长期以来一直处于"强国家、弱社会"的状态，社会的自治能力十分薄弱。尽管我国存在一定数量的社会组织，但在实质上大多数社会组织发育不良，缺少独立性，具有较强的依附性，还不能承担公共管理职能的重任。我们必须正视中国社会基础的发育状况，在社会自组织体系不成熟的情况下，引进新公共管理只能导致理论与实践失败的风险。

（二）建构适合中国国情的生态治理模式

在生态文明社会的建设中，中国政府管制型治理是生态环境治理的主导型力量，政府治理的发展方向与生态文明社会建设相契合。汲取新公共管理理论、新公共服务理论精髓，完善政府生态治理职能定位，进一步实现向生态型政府的转变，提升政府生态管理绩效，促进经济与社会的协调发展，积极地实现政府生态治理模式的创新。

第一，借鉴理性官僚制和新公共管理理念，打造中国政府管理模式。新公共管理理论在西方国家对传统官僚制造成了冲击与挑战，但是在中国目前尚不完全具备新公共管理实践基础的情况下，完善官僚制就具有一定的意义。在此基础上，适当借鉴新公共管理思想，实现政府管理模式的创新是理性之举。官僚制刻板僵化的管理方式已经无法应对信息时代社会发展的要求，但是官僚制的规范性、理性和法治精神对于中国政府改革、增强政府行为的规范性具有一定的指导作用。培育理性精神，建立真正意义上的官僚制政府，完善理性官僚制适合我国当前工业化发展的国情，对我国政府解决当前诸多社会生态问题有裨益之处。与此同时，大胆地借鉴新公共管理中先进的管理方法和先进理念，克服传统官僚模式的弊端和不足，对中国行政管理体制改革具有重要意义。在今后相当长的时间内，理性官僚制和新公共管理相结合的行政管理模式仍将是我国行政管理模式发展的基本方向。

第二，简化政府管制，运用市场手段抑制生态破坏。新公共管理的基本理念是政府和市场都能够相互弥补对方的缺陷，有效抑制对方的"失灵"。通过对中国生态环境政府管制型治理的系统探讨，已经揭示出中国强管制的政府治理下导致的生态环境问题治理效果不佳的客观事实，放松管制，增加市场调节机制作用对于中国生态环境治理来讲是当务之急、重中之重。因此，在政府的具体运作中引入竞争机制，大大简化政府直接操作的环境管理手段，按照市场经济的客观要求，积极有效地应用经济手段来控制生态破坏行为，这是生态文明社会建设的需要，也是对新公共管理理论的成功借鉴。放松管制并不是否定政府在环境管理中的作用，而是强调政府在环境管理中的主导作用要宏观调控、制度供给等重要领域的发挥。

第三节　生态文明与生态治理的现实需求

伴随中国生态治理实践的不断深入，传统的管制型治理模式难以独自担当起生态良善治理的重要责任，生态治理理论与实践的深入发展必将推动治理模式的变革。同时，建设生态文明社会的理念与实践的发展，也要求政府治理模式创新与发展，为生态环境治理模式创新提供厚重的社会理念的支撑。

一、生态治理实践深入的推动

目前，中国存在加快生态环境保护治理的有利条件，生态环境保护与建设实践的不断深入，凸显出政府管制型治理模式的乏力，也大大增加了治理模式转变的现实诉求。一方面，国际上"综合生态系统管理"理论与方法越来越受到重视，"生态功能"整体性和综合性保护的理念逐步受到社会各界的认可和支持，国际上关于生态功能区治理的理论探讨和实践探索逐步增多，关于生态功能区治理的国际合作也日益增多；另一方面，《全国生态功能区划》的颁布，使中国的生态环境保护与治理更加科学。伴随着生态环境保护治理理论研究的不断深入，学者们从科学分区到有效治理的研究思路的转变，也有助于生态环境治理模式的研究成为理论关注的热点，为生态公共治理中的利益相关者参与治理提供了理论依据。各省市积极开展生态保护与治理实践活动，围绕所辖区域的生态功能区的主体功能定位进行探讨，陆续出台地方生态功能区划，并着力建设生态功能保护区。对生态系统服务功能的关注以及系统生态管理实践的深入，要求变革管制型治理模式下的条块分割的体制和运动式治理方式，对生态治理模式创新提出了现实要求。

二、生态文明建设的现实需要

概括地说，在市场经济背景下，政府管制型治理模式能减少外部性问题，有助于解决市场失灵。特别是我国社会主义市场经济体制还不完善，计划经济体制和全能型政府治理模式遗留问题还比较多，政府管制的确在某种意义上是弥补市场失灵的一剂良方。但是，生态环境恶化的趋势仍在继续，而且人为因素仍是其主要根源，这就说明政府管制型治理模式存在一定的缺陷，很难满足生态文明时代人们对于生态环境友好型社会的诉求。生态文明提倡适度增长理念，是科学发展观的重要体现。生态文明导引的对于自然界的体恤，加深了利益相关者对人、生命、生态、环境的认识和理解，有助于利益相关者内部治理机制的和谐发展。生态文明的提出体现了政府执政理念的变革，有助于生态环境治理模式的创新与发展。生态文明的核心是人类社会的可持续发展，其关键在于协调经济发展与环境保护，强调以生态可持续性和社会公平为基础的经济发展，这必然要求国家环境管理职能适应向生态文明转型的时代要求：一方面，合理地定位国家环境管理职能；另一方面，以健全的环境管理制度予以回应。生态文明理念的纵深发展，不仅会促进社会的生产方式、经济发展方式，也会促进管理体制发生深刻的变革，从而推动生态公共治理模式成为现实。

生态文明社会的实现召唤政府管制型治理模式的变革。变革管制型治理模式是深入发挥政府生态管理职能的必然要求。变革政府管制型的治理模式，有助于克服政府自利性，维护社会公共利益，推动生态文明社会的实现。政府本身存在的自利性难以对生态环境进行有效的治理。公共选择理论认为，政府也是理性经济人，也有追求自身效益最大化的倾向。这种追求效益最大化的行为最终导致的结果是政府公共性的丧失。即使是代表公共利益，以公共利益实现为重要使命的政府，也不能完全摆脱自身利益的牵绊。从政府起源与政府性质来看，公共利益一直被认为是政府的应然追求，维护公共利益也是政府获取合法性的根源。理论上，政府自身合理的自利需求，以不损害公共利益为前提，政府掌握公共权力，谋求公共利益是政府的天然使命。但西方公共选择理论认为，政府也是"经济人"，同其他社会主体一样，有追求自身利益最大化的趋向。在生态环境治理中，对于生态功能维护的生态公共利益诉求，理论上应该是政府的职责和使命，但是出于政绩追求，地方政府都将经济利益放在首位。在政绩追求和生态环境保护与治理中，政府都会选择见效直接的经济职能领域发挥作用，而对于需要持之以恒方能见效的可持续公共利益则是在理论上优先考虑，而在实际上却将其放在次属地位。政府管制型治理模式使地方政府垄断生态治理权力，在生态治理中发挥主导作用，这种治理模式在某种意义上扩大了政府为自身牟利的机会。生态环境恶化的影响是跨区域型、复杂性和长期性的，地方政府可以从牺牲环境资源的各种活动中短期受益。生态治理的地方政府受自身利益的驱动和诱惑，某些地方官员为了追求个人的权利、地位、金钱等，不惜以牺牲生态利益为代价，坚持以经济利益为核心的治理策略，置生态发展的长远利益于不顾，对生态采取过度开发换取经济利益和政府政绩，结果导致生态环境的严重破坏。在区域性公用资源治理过程中，地方政府之间还有利益的相互竞争关系。因此，地方政府在生态治理过程中，往往采取互相推诿、规避责任的态度，或者是地方保护主义的治理方式。政府管制型治理由于缺少了必要的监督，更加放纵了政府的这种趋利行为，从而加剧了生态环境的恶化。

变革政府管制型治理模式，打破政府垄断权力资源、信息资源的治理格局，有助于生态环境的良善治理，从而推动生态文明社会实现。对于中国生态环境治理而言，变革政府管制型治理，加强多元主体参与治理，保护好生态环境，使其免遭破坏是当今中国社会所面临的重大课题之一，探索积极有效的生态环境治理模式也已经成为理论与现实的急切诉求。

第五章　国外生态治理中公共治理的理论与实践

　　从人类诞生开始，谋求自身利益最大化，实现提升社会成员福利水平的目标，寻求解决争端，控制有害行为的最佳决策方法和治理方式，就是人类政治社会的主要追求。在很大程度上，特定治理模式的效率决定了社会的生存发展与繁荣的水平。世界各国政府和人民对于公共事物治理和公共利益实现的治理模式的选择，进行了不懈的探索。对于公共利益最大化实现模式的不断反思和不懈探索，催生了公共治理时代的来临。在探求生态环境有效保护、实现人与自然和谐发展的历史进程中，政府主导模式和市场机制模式在西方发达国家的生态环境治理中发挥了一定的作用，但终因生态环境的公共物品属性及生态环境治理的复杂性与长期性等原因而相继失灵。公共治理因其多元、合作、回应的治理机制，对公共利益实现具有更强的优势，成为当代西方发达国家生态环境治理的主要模式。借鉴公共治理理论，解决生态环境治埋困境，在西方发达国家生态环境治理的理论与实践中已得到普遍认同。但是，生态环境公共治理的实现需要一定的社会基础和现实条件。本章旨在通过对几种生态环境公共治理典型范式的探讨，借鉴和吸收欧美发达国家成功治理的经验，为我国的生态环境治理提供实践参考。

第一节　公共治理的理论阐释

一、公共治理的兴起

　　治理理论的发端及其在全球范围的流行有着深刻的政治、社会、经济、历史背景和时代内涵。伴随全球化时代的到来和公民社会的勃兴，各国的政治、经济和社会生活发生了重大变迁，政府财政危机与政府失灵成为治理思想萌发和兴起的直接原因。

（一）全球化为治理理论产生推波助澜

全球化一词起源于经济领域，是指当经济发展到一定阶段，资源可以在全球范围内的自由流动与配置，市场机制成为世界经济运行的主导规律，全球经济紧密合作、相互依存的一种必然趋势。经济全球化使人们活动的疆域超越了国家界限，跨国公司成为经济领域最为活跃的要素，催生了权力主体多中心多元化的趋势。跨国公司的成长以及全球资本主义的扩张，使国家变得力不从心。为了对全球经济进行调控，依赖任何一个单一国家的力量都是行不通的，多个国家，乃至全世界各国共同参与通力合作的治理模式呼之欲出。由此，政府主导一国社会、政治、经济的传统能力在全球化背景下受到广泛而巨大的冲击。全球化首先打破了传统的权力中心统治格局，即打破政府对公共事务管理的垄断，为治理的兴起提供权力合法性的可能。自国家产生以来，代表并行使公共权力的政府始终处于主导地位，全球化直接导致公共事务管理的部分权限由政府转向非政府组织，如国际非政府组织、大型跨国公司、全球公民网络等参与公共事务的管理。非政府组织同政府分享公共权力和政治权威，是全球化对国家和政府在人类社会生活中的绝对主导地位提出的挑战。当公共事务的管理权从政府转向非政府时，就意味着公共权力从国家到社会的必然转移。其次，全球化进程锻炼了国际经济组织，它们的迅速发展为治理提供了组织基础，也为其他非政府组织和公共社会发展提供了样板。伴随着全球化进程的不断深入和全球公共问题的出现，以各种非政府组织为代表的全球公民社会的兴起，为全球治理的产生提供了客观必要性和可能性。

（二）西方社会普遍面临的福利国家危机与政府失灵

第二次世界大战以后，由于福利国家的过度发展，政府被视为"超级保姆"，职能无限扩张，机构异常臃肿，服务质量低劣，效率十分低下，财政危机遍布各国，西方国家的表现令人失望。20世纪80年代以来，西方国家的政府预算赤字和债务迅速增长，经济增长速度减缓，一些国家甚至出现了经济负增长。保守主义者批评社会公共领域史无前例的扩张、税收的大幅提高以及通过公共政策对社会财富的重新分配。而多数自由主义者对政府的表现同样感到失望，因为他们也和保守主义者一样不满政府规模的快速膨胀。越来越多的人开始怀疑政府达成理想目标的能力，政府陷入信任危机。与此同时，在一些第三世界发展中国家，伴随全球化、区域一体化进程的加快，传统主权观念遭遇危机，一些国家政权纷纷垮台，这些国家和地区大规模陷入无政府状态。政府改革势在必行，治理针对政府在上述诸多领域的失败，强调公私部门之间的功能互补和资源共享，恰好迎合了公众在价值层面和功利层面的期望。

（三）市场的观念转变及大规模的政府改革

政府转向市场的观念转变及由此引发的政府改革是促使治理兴起的又一因素。20世纪70年代以来，"改革"浪潮风靡全球，世界上多数国家无论是发达国家，还是发展中国家都开始酝酿一场面向未来的改革运动。其中产生革命性影响的大规模改革包括中国的以市场为导向的邓小平改革、英国撒切尔夫人的续阶方案改革、美国里根政府再造改革和苏联戈尔巴乔夫的改革。邓小平在二战后最早探索市场和国家关系，大胆地确立了社会主义国家也可以搞市场经济的中国特色模式。撒切尔夫人的以货币主义代替凯恩斯主义和著名的私有化，为公共管理和公共治理的理论奠定了基础。里根在八年总统任期内，大力推行的"里根主义"对美国的对外安全和国内经济发展，为美国今天的地位奠定了坚实的基础。尤其是以减税、大幅度提高国防开支，以及简化政府规章制度为内核的"里根经济学"，直至当代仍然在对美国政府的政策选择起着重要的影响。1985年，苏联历史上掀起了一场巨大的改革浪潮，戈尔巴乔夫以公开性为旗号、民主化为先导大刀阔斧地进行了苏联的改革，但是对苏联的现实把握不确切，导致苏联解体。发达国家改革具有强烈的示范效应，得到积极与广泛的回应，在一些第三世界发展中国家也提出了行政改革的具体方案。公共治理就在这场政府再造运动的呼唤中应运而生。

二、公共治理的内涵

"治理"一词是英文"Govemnaec"的翻译，英语中的"治理"（Governance）一词，可以追溯到古典拉丁语和古希腊语中，原意主要指控制（Eontrol）、引导（Guide）、操纵（Manxpulate）等意思。14世纪末叶，英格兰国王亨利四世用它来表明上帝之法授予国王对国家的统治之权。最初，治理一词主要用于与国家的公共事务相关的管理活动和政治活动中，经常与统治（Government）一词交叉使用。1989年世界银行在概括当时非洲的情形时，首次使用了"治理危机"，此后，"治理"一词开始广泛用于政治发展研究中。自

20 世纪 90 年代始，西方政治经济学家赋予"Governance"以全新的含义，其含义更加丰富。全球治理委员会在 1995 年《我们的全球伙伴关系》中，对治理概念的界定较有权威：治理是各种机构或个人管理其共同事务多方面的总和，调解不同利益主体并相互合作实现目标的持续过程。既包括迫使人们服从的正式制度和规则，也包括各种人们为实现共同目标而达成的非正式的制度。其特征是：治理不是一整套固定的规则，也不是一种活动，而是相互协调的过程；治理过程不是建立在控制之上，而是协调；治理不仅涉及公共部门，也包括私人部门；治理不是一种政治制度，而是持续的互动。截至目前，究竟何谓治理，还没有统一界定。

简·莱恩认为，公共治理理论是关于政府运作方式的一系列理论。因此，它不仅仅是分析政府政治决策的一个理论框架，而且是对政府提供社会服务方式的研究，也是公共治理理论的重要内容。[①] 20 世纪 80 年代后，全球公共管理领域发生了两场大的革命性运动，即新公共管理运动和治理运动，催生了一种新的公共治理模式，其特点包括：从服务供给看，这是一种多主体参与下的伙伴关系；在目标上，注重结果与顾客导向；在手段上，利用契约与市场；在结构上，这是一种网络化的政策体系；在政治上，强调民主化，注重公众参与。[②] 公共治理理论是关于政府运作方式的一系列理论，对于完善和改进政府治理提供了理论依据，为政府提供社会服务方式转变增加了新的视角。

（1）公共治理的主体。作为一种新兴的社会公共事务管理方式，公共治理的主体打破了政府才是唯一合法管理主体的局面，公共治理主体呈现多元化趋势。公共治理的主体范围逐渐扩大，除了政府、公共机构以外，非政府组织、非营利性组织、民间组织、私人机构，甚至辖区单位、社会个人都可以参与治理，成为公共治理的主体。公共治理注重多元管理主体之间的相互依存，打破政府是唯一的权力中心的治理格局。随着经济社会的发展，各种非政府组织和私人组织，在社会公众的认可、认同的前提下，都可以成为社会公共问题治理的主体和权力中心，在社会公共问题领域，释放出超越政府的活力。

（2）公共治理的客体。公共治理的客体也就是公共治理的对象，是一个十分宽泛的概念。公共治理的客体可以是社会性公共事物，如教育、科技、卫生、环境保护等；也可以包括政治性公共事物、经济性公共事物。从某种意义

① ［英］简·莱恩．赵成根等译．新公共管理［M］．北京：中国青年出版社，2004：1.
② 任志宏，赵细康．公共治理新模式与环境治理方式的创新［J］．学术研究，2006（9）：93～94.

上说，公共治理的客体范围遍及国家和社会生活的各个领域。

（3）公共治理的目标。公共治理的目标在于最大限度地增进公共利益，满足社会公共需求，真正地实现善治。在公共治理过程中，治理的目标不仅是要维护统治集团的利益，治理主体的多元化、权力的多中心化保证多元主体的利益实现。

（4）公共治理的手段。治理主体的多元化、治理客体的广泛性，要求公共治理的手段丰富化。在社会公共事务的管理中，公共治理并不完全放弃行政强制手段和市场机制的发挥，而是增加协商、合作等管理方式来实现对社会公共事务的管理。一方面采取正式的法规制度，对复杂的社会公共事务实行正式的强制管制；另一方面通过各治理主体之间的民主协商和谈判，增强各治理主体之间的自愿平等合作意识，建立伙伴关系来实现对社会公共事务的管理。

三、公共治理的特征

第一，公共治理实现了主体多元化。公共治理包括一系列来自于政府、多种公私机构在内的公共管理机构体系，政府只是多元主体中的一个主体，公民社会组织、私人部门、国际组织及至公民个人都可以成为公共治理的主体。公共治理打破了传统的两分法思维方式，强调政府与社会的合作，在社会公共事务管理、公共服务方面存在着多个中心。各种社会组织在国家与社会关系的调适方面，发挥着越来越大的作用。

第二，公共治理的权力多中心网络化运行。公共治理的权力呈网络化分布，权力多中心化，政府不再是唯一的权力中心。在治理过程中，它所依靠的是合作治理网络，而非强制性权威，权力运作向度由单一的自上而下转向自组织网络式的多元互动的模式。它的运作逻辑是以谈判为基础，强调行为者之间的对话与协作。治理是一个上下互动的管理过程，它主要是通过合作、协调、伙伴关系、确立认同和共同的目标等方式实现对公共事务的管理，以建立在市场原则、公共利益和认同之上的合作，其管理机制所依靠的主要不是政府的权威，而是合作网络的权威，其权力内容是多元的，相互的，而不是单一的和自上而下的。[①]

第三，信任、合作是公共治理的实现机制。公共治理的实现机制主要依靠多元主体之间彼此的信任与互惠，而非依靠政府的权威进行规制。公共治理是

---

① 转引自：刘娴静.重构城市社区——以治理理论为分析范式［J］.社会主义研究，2004（1）：98.

一个上下互动的管理过程，它十分注重在公共事物的治理过程吸纳治理的利益相关人、专家学者以及关心公共事物的组织和个人的参与。公共治理主体间相互协调，形成合作的价值共识，建立合作伙伴关系，通过良性的互动模式实现对公共事务的管理。

第四，公共治理手段、方法的多样性。公共治理是综合运用各种管理手段对社会公共事物进行管理。这些管理手段与方法既包括一些传统的政治、法律等规制性手段，也包括运用市场机制调节的经济手段，还包括创新型的灵活多样的社会和文化教育手段。

第二节　生态公共治理的理论解析

生态环境危机的日趋严重，利维坦治理和市场机制的相继失灵，使环境公共治理成为环境善治的希望所在。伴随治理理论的不断发展，中西方国家的学者普遍重视公民社会及环境非政府组织在环境治理中的作用，结合多中心理论、网络组织理论、自组织等理论，形成了生态环境公共治理的几种典型的理论模式。这些理论模式，为中国生态公共治理提供理论上的借鉴与支持。

一、生态公共治理的基本模型

所谓生态环境公共治理就是指在实现人与自然和谐的共同目标下，政府、公民社会和市场相互协调、相互合作，共同承担，促进自然生态系统平衡的基本职能的一系列理论、制度和行为。中国生态功能区的公共治理是指在生态功能区治理进程中，广泛地发动社会公众参与治理，形成政府与公众多元、平等合作的公共治理局面。

（一）多中心治理

"多中心治理"理论是当今西方学术界最流行的理论之一。多中心一词最先是由迈克尔·波兰尼在其《自由的逻辑》一书中提出的。他认为，相对于一元的或者单中心的秩序，"自发的"或者多中心的秩序是指许多因素的行为相互独立，但能够作相互调适，以在一般的规则体系中归置其相互关系。波兰尼区分了两种组织社会和人的不同秩序。其一是"设计的或指挥的秩序"，这种秩序被一个最终的权威所协调，并且通过一体化的命令结构来实施控制。在这种秩序里，存在着严格的上下级关系，并且，该秩序是依赖上下级之间单向的"指挥—服从"的决策与执行链条得以维系自身的发展，这种秩序也被波兰尼称为"一元的单中心秩序"。而另一种秩序与上述秩序相反，它同时存在着许多相互独立的行为单位，各独立单位之间的相互作用、相互影响保证了整个秩序的稳定和运行，从而使这一体系成为富有活力的系统。这种秩序就是"多中心秩序"。在此基础上，文森特·奥斯特罗姆夫妇发展并完善了多中心治理理论，指出：多中心体制广泛存在于市场、司法决策、宪政、政治选择与政治联盟组织等领域之中，其中的每一个都成为公共服务多中心的必要前提。显然，多中心治理中的多中心包括空间上的多中心、主体上的多中心和权力向度上的多中心。文森特·奥斯特罗姆和埃莉诺·奥斯特罗姆夫妇，很早就已经开始探讨在生态资源维护中治理模式选择的问题。他们运用博弈论方法，对美国西部水资源的自然特性问题以及水、森林、渔业资源等小规模公共池塘治理存在的问题进行系统研究，提出著名的公共池塘理论。"公共池塘资源指的是一个自然的或人造的资源系统，这个系统大得足以使排斥因使用资源而获取收益的潜在收益者的成本很高（但并不是不可能排除）。"[1] 埃莉诺用模型证明：人类社会当中存在大量的公共池塘问题，对于这些问题的解决未必只有依赖国家或市场才能解决。在公共池塘模型的证明与影响下，多中心治理成为生态环境治理的重要选择。因此，政府作为环境公共领域垄断者的单中心治理模式已发生改变，环境公共事物的治理已出现了多中心的治理倾向，即环境公共事物的治理是一个多元化的互动过程，强调建立政府、市场与非政府组织、企业和个人乃至国际社会的多中心合作治理模式将是环境公共管理的发展方向，从而有效地克服单一靠市场或政府来治理环境公共事物的不足。[2]

环境公共事务的多中心合作治理模式的实质是通过建立一种在微观领域对政府、市场的作用进行补充或替代的制度形态，使大量的社会力量参与环境治理。政府主动寻求企业、非政府组织、公民的支持，与社会各界建立合作型的伙伴关系，建立容纳多主体的政策制定和执行框架，形成共同分担环境责任的机制，结成治理环境公共事务的公共行动网络。[3] 生态环境的多中心治理强调

① ［美］埃莉诺·奥斯特罗姆. 余逊达等译. 公共事务的治理之道：集体行动制度的演进［M］. 上海：上海三联书店，2000：56.
② 肖建华，邓集文. 生态环境治理的困境及其克服［J］. 云南行政学院学报，2007（1）：97.
③ 肖建华，邓集文. 多中心合作治理：环境公共管理的发展方向［J］. 林业经济问题，2007（1）：52.

公民与非政府组织在生态环境管理中的重要地位，前提是这些力量作为独立的主体要遵守一定的规则。生态环境治理中兼顾多元主体的多元利益，生态环境的服务与供给也可以通过多元主体和多种制度安排来提供。多中心治理理论发展了以是否具有竞争性和是否具有排他性为标准的物品分类方式，指出我们所言的大部分的公共物品都不是严格意义上具有非竞争性和非排他性的纯公共物品，而表现为具有一定竞争性或排他性的准公共物品，这一特性的区分就使得在公共物品的生产公共事务的治理上，可以通过产权契约安排来使相互独立的分散的主体来提供，从而将在传统的铁板一块的公共物品按照地域、特性等方面分散化。每个部分拥有该物品的有限生产权，或公共事务的有限处理权，对自己生产的物品、提供的服务承担责任。每个单位或主体既相互独立，同时又具有千丝万缕的联系。多中心治理试图在保持公共事务公共性的同时，通过多种参与者提供性质相似、特征相近的物品，从而在公共事务供给中建立一种竞争或者准竞争机制。通过各个生产主体之间的竞争，来迫使各生产者自我约束，降低成本，提高质量和增强回应性。并且，公民还可以根据各生产者的相对优势，按照自己的意愿，在各个生产者之间进行选择。

生态环境多中心治理跳出了传统的非此即彼的思维局限，主张在生态环境治理中，既充分保证政府公共性、集中性的优势，又充分发挥市场机制回应性强、效率高的特点，同时为社会公共组织和公民个人创造参与治理的机制。从此意义上讲，多中心治理扩大了生态环境治理主体的范围，"多中心治理结构为公民提供机会组建许多个治理部门。"[①] 在生态环境多中心治理中，政府只是扮演中介者的角色，为多中心主体参与治理提供宏观制度供给和行动规则的创建；综合运用经济、法律、政策等多种手段，为多元主体参与生态环境治理提供政策依据和搭建参与的平台。

（二）网络状治理

市场治理模式和基于科层结构的政府治理模式在失灵情况下，为了有效地解决区域生态环境的治理问题，就产生了网络治理模式的需求。网络治理理论是网络组织理论与治理理论结合的产物，网络治理模式也成为公共治理领域中的热门研究方向，许多研究者围绕网络状治理中的关系、信任、伙伴等方面的

---

① ［美］埃莉诺·奥斯特罗姆. 余逊达等译. 公共事务的治理之道：集体行动制度的演进 [M]. 上海：上海三联书店，2000：204.

问题开展了大量的研究。网络状公共治理包括两种类型：不同层次上的主体之间的网络关系和同一层次上不同类型的主体之间的网络关系，即多层治理模式和伙伴关系治理模式。①目前，构建区域环境污染网络治理模式应促使全社会成员拥有共同的治理目标，形成互相信任关系以及协调各个治理主体的利益。②环境污染网络治理就是为了实现与增进公共利益，政府部门和非政府部门（私营部门、第三部门或公民个人）等众多公共行动主体彼此合作，在相互依存的环境中分享公共权力，共同管理公共事务的过程。③网络治理模式作为一种新的治理模式，治理结构不同于市场（自愿）和科层（强制）的复杂结构，而是一个有着共同价值诉求的自组织系统。网络治理不是建立在合法权威之上，而是建立在多个组织互相依赖的结构之上。这种相互依赖结构中的成员都意识到单独个人是无法达到的共同目标。④

（三）自主治理

埃莉诺·奥斯特罗姆公共治理思想强调多中心治理的同时，并没有忽略调动自身积极性的重要性，而是强调二者的有机结合。埃莉诺·奥斯特罗姆公共治理思想的主要特色，便是注重多中心治理与自主治理思想的有机结合。埃莉诺·奥斯特罗姆曾经以近海渔场、灌溉系统、地下水以及森林资源为实证研究对象，探讨如何应用自主治理制度对上述公共资源进行持续的发展和利用。自主治理制度是指通过内在的规则或非正式制度等来实现自我规范和自我管理，通过主体的自主约束、自愿参与实现对公共资源的保护。埃莉诺·奥斯特罗姆运用博弈论探讨了在政府和市场之外的自主治理公共池塘资源的理论上的可能性，提出了自主组织和自主治理公共事务的集体行动理论。埃莉诺的模型证明：人类社会大量的公共池塘资源问题在事实上并不是依赖国家也不是通过市场来解决的，人们的自主组织和自主治理是更为有效地解决公共事务的制度安排。这一分析结果表明，在一定的条件下，面临公共事务困境的人们，可以依靠自己的智慧，确定他们的制度安排，改变他们所处的情景结构，从而避免"公地悲剧"。埃莉诺·奥斯特罗姆看到追求个人理性所造成的集体困境，在承认其存在的前提下提出自主治理理论。自主治理理论强调"相互依赖的委托人

① 朱德米.网络状公共治理：合作与共治［J］.华中师范大学学报（人文社会科学版），2004（2）：11.
② 马晓明，易志斌.网络治理：区域环境污染治理的路径选择［J］.南京社会科学，2009（7）：69.
③ 陈振明.公共管理学——一种不同于传统行政学的研究途径［M］.北京：中国人民大学出版社，2004：200.
④ 马晓明，易志斌.网络治理：区域环境污染治理的路径选择［J］.南京社会科学，2009（7）：71.

如何才能把自己组织起来，进行自主治理，从而能够在所有人都面对'搭便车'、规避责任或其他机会主义行为诱惑的情况下，取得持久的共同收益"。

二、生态公共治理的优势分析

公共治理作为一个理论体系和分析框架，具有很强的学术价值和实践价值。公共治理突破传统政府单一治理的限制，是有效弥补政府和市场失灵的全新的公共管理理念，对于当前社会公共事物治理具有其独到的价值。

公共治理理论认识到政府能力的有限性，主张寻求政府之外的力量共同参与社会公共事务的治理，肯定了多元主体在社会公共事物治理中的重要作用。公共治理倡导的多元主体合作、互动的治理理念，树立了全新的公共事物管理范式，有效地弥补了政府能力不足和市场调节机制的缺陷。公共治理是一个上下互动的管理过程，强调多元主体间的民主协作，形成了全新的权力格局，打破了政府唯一主体的治理观念，对于公民社会的发展与壮大和实际参与治理提供了理论支持。

公共治理实现了公共利益向公民社会的真实回归，有助于公共利益的最终实现。公共治理时代，治理主体的多元化，权力运行的多向互动，实现了公共权力向公民社会的下放与回归，使公共利益与治理主体利益真正契合。就是说公共治理背景下，公共治理的主体与公共利益主体实现了有机结合，标志着公共利益向公民社会的质朴回归。公共利益顾名思义应该是属于社会公众的利益，公共治理强调多元主体治理，公共治理范式中，政治部门、企业部门、非营利性组织成为治理主体，利益主体参与到利益实现机制中来，保障公共利益的真正实现。公共利益是公共治理的至上追求，公共治理源于公共利益的需求的无尽探索，公共治理和公共利益的同根与同源性，使得在公共治理的背景下，公共利益得以回归和真正实现。

(一) 公共治理具有主体优势

公共治理的最高价值在于通过合理的参与、良性互动、积极回应等变革，促成治理主体之间的平等合作，实现公共利益最大化的追求。多中心治理强调决策主体多元化，决策以及控制在多层次、多主体间展开；网络治理强调权力中心多元化、网络化；自主治理强调公众参与生态环境治理的自觉主动和行动能力。三种理论模型的共同之处在于强调治理主体之间的相互尊重和平等合作，打破政府主导模式，政府垄断权力对其他主体采取管制的局面。生态环境公共治理，构建了多元治理主体的平等参与机制，改变了政府一元权利中心的治理格局，从而在政府、企业和社会公众之间形成了合作共治的局面。生态环境公共治理体现出来的主体优势、信息优势、成本优势、效率优势，有助于弥补中国政府主导型治理模式的缺陷，对于中国生态功能区治理而言，是理想的选择，也是必然趋势。生态环境治理多中心体制意味着在生态环境治理过程中，将公民参与和社群自治作为基本的策略，多种来自于民间的生态环境保护非政府组织、公民的自治、自主管理的秩序与力量，积极参与环境治理行动。自愿性环境治理模式作为一种崭新的环境管理方式，正受到越来越多国家的关注，对改善政府管制的"失灵"和市场干预的"失灵"起到十分有益的补充作用。[①] 生态环境自主治理的突出特点，在于强调多元主体参与生态环境治理的自觉性和自愿性。伴随环境治理的不断深入，社会公众环境保护自觉意识的不断增强，政府不再是治理活动的唯一主体，公民个人、企业等生态环境治理的利益相关者都可能成为生态环境治理的主体。只要有环境治理的意愿和参与治理的能力，就可以成为生态环境治理活动的主体。自主治理模式的出现，大大地拓展了生态环境治理主体的范围。自主治理基于个体间的信任，有助于多元主体之间相互合作，减少不必要的消耗。与依靠法律的强制力而运行的外在制度相比，自主治理依靠自主监督、自我执行、自我实现的内在约束机制，形成生态环境治理中的"自发秩序"，具有外部强制力治理所无法比拟的优势。

生态环境公共治理变革政府是单一主体的管理局面，决策主体、执行主体、监督主体范围的扩大，增强了生态环境治理决策的合法性、执行的有效性和监督的及时性。综合两个主体、两种手段的优势，从而提供了一种合作共治的公共事务治理新范式。避免了公共产品或服务提供的不足或过量。多中心治理体制和公共服务体系有助于"维持社群所偏好的事务状态"。[②] 通过多元主体参与决策，加强社会公众对于决策的理解能力和认同，从而使决策合法性提高。强调政府、营利性组织、公益性组织、民间团体等多个层次的互相合作，通过多元主体的广泛参与，充分调动公共治理中的各个管理主体的积极性，增强了政策执行的有效性。各国环境治理的制度安排，初期大都以政府强制型为主逐步引入产权与市场制度安排，近年来又辅以各种类型的自主治理制度，至

① 宣琳琳，钟京涛，张志辉. 现阶段城市环境治理模式若干问题研究 [J]. 工业技术经济，2008 (5)：30.
② ［美］迈克尔·麦金尼斯. 毛寿龙，李梅译. 多中心治理体制与地方公共经济 [M]. 上海：上海三联书店，2000：46.

今已形成多种制度安排共存并相互补充的制度体系。自主治理制度不仅使治理重点由事后补救或"末端治理"转向事先控制或"源头治理",提高了环境治理的绩效,同时也成为衡量环境治理活动是否优化与深化的标志。生态环境的公共治理通过多元主体参与监督,扩大了监督主体的范围,增强了监控的能力,提高了监控效力。

(二) 公共治理具有信息优势

生态环境公共治理,通过网络状的治理结构,多中心的权力运行方式,打破了政府主导治理模式下政府垄断信息、信息传播缓慢和信息失真等现象。开放的治理网络,使多元治理主体及时有效地掌握相关的治理信息,从而为生态环境治理的科学决策奠定了基础。另一方面,社会公众所采集到的生态环境状况的信息、生态环境破坏行为的相关信息也能迅速、畅通地进入到决策系统,便于对生态环境破坏行为进行制止和阻断。

(三) 公共治理具有成本优势

生态环境公共治理实现生态公共利益最大化的目标是建立在多元主体的相互信任、彼此合作和利他行为等社会资本基础之上的,与政府强制型治理和产权与市场制度安排相比较而言,具有较低的运行成本。生态环境公共治理,多元主体对于生态环境的治理与保护是自觉、自愿的,参与治理行动不以直接的经济利益为诉求,因此,生态环境保护与监控行为多是无偿的,节约了生态保护的人力和财力成本。另一方面,开放的生态环境治理网络,允许其他主体对于生态环境保护与治理进行投资,扩大了资金渠道和来源,减轻了政府与国家的治理成本,缓解了财政困难。

(四) 公共治理具有效率优势

生态环境公共治理是建立在多元主体互信、平等、协商基础上的,多元主体对于生态环境保护与治理存在高度的价值共识,在行动过程中表现出合作、协调,减少了组织中的内耗,提升了治理效率。网络状的治理结构,能够为生态环境治理提供开放多元的治理渠道,通过多元主体的积极参与和及时的信息沟通,提高治理生态环境治理的效果。生态环境公共治理,通过自主治理机制

---

① 杨曼利. 自主治理制度与西部生态环境治理 [J]. 理论导刊, 2006 (4): 55.

使生态环境治理由"末端治理"转向"源头治理"，大大地提高了生态环境治理的效率。

三、生态公共治理的实现机制

生态环境公共治理的实现是需要一定的外在条件支撑的。生态环境公共治理依靠多元主体的相互信任，实现彼此合作，依靠契约、承诺的方式进行管理，成功的关键在于多元治理主体高度的价值共识、主体间经常的沟通与协调机制、建立彼此信任的合作机制，为合作治理奠定基础。

（一）生态环境公共治理的价值共识

生态环境公共治理的实现，需要治理主体之间对于生态环境治理较高的价值认同，即多元主体对生态功能区治理的重要性、紧迫性达成普遍共识。价值认同是多元主体参与治理、自组织相互合作协同治理的基本前提。Stoker（2006）研究了最适合网络治理的管理方式，他认为公共价值管理是建立在网络治理的对话和交换体系之中，人们因为参与到网络和伙伴中获得的相互尊重和共享学习而受到激励，网络治理关键是在网络中建立和发展良好的关系。网络治理不是建立在合法权威之上，而是建立在多个组织互相依赖的结构之上。这种相互依赖结构中的成员都意识到单独个人是无法达到的共同目标。[①] 为达到共同治理的目的，多元主体通过谈判确认共同的目标，并且增强各主体对治理目标的认同，为目标的实现不断地进行正面的协调，使主体感到只有参与治理、协调行动才能获取公共利益。目标的设定与价值的协调就成为公共治理实现的重要推动因素。只有在价值协同的基础上，才能真正培育成员间的信任关系以及成员与集体之间的信任关系，最终实现互利互惠的合作。

（二）生态环境公共治理的组织保障

发达成熟的自组织体系是生态环境公共治理推行的组织保障。多中心体制设计的关键因素是自发性，"自发性"作为"多中心"的同义语，表明多中心额外的定义性特质。自发意味着多中心体制内的组织模式在个人有动机创造或者建立适当有序模式的意义上将自我产生或者自我组织起来。[②] 多中心、自组

---

① 马晓明，易志斌. 网络治理：区域环境污染治理的路径选择 [J]. 南京社会科学，2009（7）：71.
② [美] 迈克尔·麦金尼斯. 王文章，毛寿龙等译. 多中心治道与发展 [M]. 上海：上海三联书店，2000：76～78.

织的公共治理依赖于社会自组织体系的成熟与发展，只有具备完善的、较强行为意识和行为能力的社会组织体系才能实现公共治理。例如：要实现生态环境公共治理，民间环保组织的发育程度十分重要。民间环保组织就是在社会个体自愿、自治基础上自发形成的，它们通过积极的生态环境治理行为，进一步推动社会公众生态环境保护意识的不断提高和自觉保护行为的形成。民间环保组织作为公共环境利益的代言人，只有具有独立行动的能力和影响决策的能力，才能进行积极的生态环境保护行为，同时可以用环境利益的实现来博得社会公众的认可与支持。

（三）生态环境公共治理的协调机制

生态环境治理主体相互信任与协调是公共治理实现的基础。网络治理的治理机制在于信任机制和协调机制的培育，信任机制是网络运作的基础，其地位类似于市场的价格机制或科层的权威机制，而信任机制的落实，又需要回到协调机制的构建上。在网络治理中，信任是一种核心的凝聚力要素，它的作用等同于科层制的合法权威。在网络关系中，行动者是否能够摆脱集体行动的困境而实现合作，除了制度上的因素之外，主要取决于成员之间发生联系的信任关系。[①] 政府与社会公众之间形成了生态环境治理的"战略联盟"，"战略联盟"成员之间都掌握着为达到互利结果所必需的信息资源，减少合作中的噪声干扰，为良好的协作提供依据。这样一来，人际的信任可以使组织之间的谈判较为顺利；组织间的对话可以促进系统间的沟通交流；而噪声干扰的减少又可以通过增进相互理解和稳定期望而促进人际的信任。[②] 自组织治理以第三种类型的理性反思为基础，它取得成功的关键在于持续不断地坚持对话，通过反复协商与对话，产生和交换更多的信息，建构合作治理的人际网络关系；或是通过组织之间进行谈判、建立互信，借助制度化的谈判达成共识，实现多元主体相互合作。

（四）开放、畅通的信息共享机制

生态环境公共治理，社会公众可以平等地参与治理，权力的多中心化、治理中人际关系的网络化，形成了开放的治理机制，使信息能够及时畅通地在治理主体之间传递。公共治理的实现必须以开放、畅通的信息共享机制为依托。

---

① 鄞益奋.网络治理：公共管理的新框架［J］.公共管理学报，2007（1）：93.
② ［英］鲍勃·杰索普.漆蕪译.治理的兴起及其失败的风险：以经济发展为例的论述［J］.国际社会科学杂志（中文版），1999（1）：35.

社会公众对生态环境治理的现实有知情权，而政府要保障知情权的实现，创造信息沟通机制，准确及时地传递公众需要的环境治理信息。就区域环境污染治理而言，一方面是区域环境问题日趋复杂，涉及经济、社会、政治多方面；另一方面是政府结构与理性的缺陷使之难以有效治理区域环境污染。而且在环境危机决策过程中，单个组织无疑难以对决策所涉及的各个方面、各种技术都有充分的了解，因而需要最大限度地吸纳多元的治理主体而形成决策网络系统。①

第三节　欧美发达国家生态公共治理实践

生态功能区所承载的生态系统服务功能和产生这些服务的自然资本，对于地球生命保障系统是至关重要的，出于对生存利益的维护和经济利益的追求以及对生态美学和人文价值的保护，世界各国，特别是欧美发达国家对于生态系统服务功能保护以及生态环境综合治理进行了积极的探索。按照综合生态系统管理思想，欧美发达国家对于生态环境进行了积极的治理，特别是注重社会公众在生态环境保护与治理中的重要作用，在生态环境治理规划、具体决策、治理实施过程中吸纳多元主体参与生态治理是其治理成功的重要因素。

一、美国生态公共治理的实践

第二次世界大战以后，美国经济的迅速腾飞，使其一跃成为世界经济体的龙头，在整个世界政治经济舞台上发挥着决定性的作用。美国在发展经济的同时，也造成了生态资源环境的严重破坏。为确保日益增多的人口，日益扩展的居住地以及不断发展的机械化不会影响美国生态功能区的环境，给其子孙后代留下那些因保护或保全而仍处于自然状态的土地，美国国会于 1964 年 9 月 3 日签署和颁布了《原生态环境保护区法》，将为现在的美国人及其子孙后代能享受原生态自然资源的恩泽作为美国的一项基本国策，依据此法建立原生环境保存体系。为了实现对自然资源的保护，美国采取了一系列的治理措施，比较有代表性的是美国创建了自然生态保护的国家公园体系，也成为世界范围内的区域生态资源保护的范例，并被广泛应用。"目前的美国国家公园体系包括自

---

① 刘霞，向良云. 网络治理结构：我国公共危机决策系统的现实选择 [J]. 社会科学，2005（4）.

然、历史与游憩三大块，20 种小类，388 处。国家公园只是其中的一种小类，列入 IUCN 体系Ⅱ类型的只有 205 处。"① 不可否认的是，创建国家公园，实施生态保护只是美国生态功能区保护与治理的一部分，实现生态保护治理成功的关键在于采取了公共治理模式，充分调动社会多元主体参与治理，从而保障和推动了生态环境保护与治理的成功。

（一）国会和各级政府发挥主导作用

在美国的生态环境保护与治理中，国会和政府主要充当资金和制度的供给者。强大的资金投入是国家公园治理效率提高的经济保障。目前，在美国国家公园治理资金的来源主要是由国会拨款和国家公园管理局自谋收入两部分组成。国会拨款占绝对优势地位，美国国会的拨款甚至会超过国家公园管理局自谋收入的 10 倍以上。国会巨大的经济投入，给国家公园管理局以莫大的支持，对于美国生态资源的保护、历史资源的保持和可持续性起到推波助澜的作用，为国家公园治理模式的发展注入了活力。如果离开国会的资金支持，国家公园要维持现有的保护和运营水平几乎是不可能的，单纯依靠国家公园门票的上涨收入来维持是微不足道、捉襟见肘的。为了解决湿地流失问题，美国国会于 1990 年 11 月 29 日通过《沿海湿地规划、保护及恢复法》（Breaux 法），这是比较全面和权威的关于湿地治理的联邦法律，联邦政府依此进行沿海湿地的保护和恢复工作。Breaux 法明确规定了联邦政府作为湿地保护的重要出资人的义务。"Breaux 法"的实施过程分规划、建设、监测及运行管理等四个阶段。项目规划阶段的所有费用由联邦政府负担，项目建设阶段的费用由联邦和非联邦组织分别负担 75% 和 25%。如果项目通过联邦的审议，其费用负担比例将为联邦的 85 和非联邦的 15%。②

美国的政府机构及工作人员在生态环境治理理念和治理政策制度供给方面作用卓著。在 1992 年 6 月，美国农业部森林局局长向联邦政府首次正式提出"生态系统管理"概念。此前，一些政府机关实际上已经探索多种类型的生态系统管理工作。美国政府组建的跨机构生态系统管理特别工作组（IEMTF）于 1995 年正式发表了关于生态系统途径的报告，作为联邦生态系统管理倡议提出。继联邦倡议之后，一些州政府也开始摒弃传统的多重利用资源管理方

---

① 陶一舟，赵书彬．美国保护地体系研究 [J]．环境与可持续发展，2007（4）：42.
② 马广州．美国密西西比河三角洲生态恢复的政策及措施 [J]．中国水利，2008（1）：58.

式，转向基于生态系统的资源管理政策。^①

（二）重视利益相关者的作用

综合生态系统管理思想是美国对于生态保护与治理的重要理论依据，而综合生态系统管理思想特别强调人类是生态系统的有机组成部分，十分关注利益相关者在生态环境保护中的作用。作为一种可持续自然资源管理的重要方法，生态系统管理是在对生态系统组成、结构和功能过程加以充分理解的基础上，制定适应性的管理（Adaptive management）策略，综合运用生态学、经济学、社会学和管理学原理对生态系统进行管理，从而恢复或维持生态系统的整体性和可持续性。综合生态系统管理最本质的特征是系统的概念，高度重视系统要素和要素之间的联系，创立一种跨越部门、行业或区域的综合管理框架，实现跨部门、跨区域、多主体参与的系统管理是其管理基本策略。生态环境保护与治理需要跨越保护区域、政治或行政单位，将生态环境治理过程中所有的利益相关者纳入治理体系，充分发挥利益相关者的治理作用，推动美国生态环境治理成功。如在对于美国南方大草原沙尘暴区的治理过程中，美国总统罗斯福启动了"大草原各州林业工程"，在美国南部 6 个州开展大规模的植树造林活动，广泛地发挥各级政府、民间组织、土地使用者、科学家以及技术人员的作用，通过积极的多方合作实现了有效的治理。

（三）公众参与治理的形式多样、制度完备

在美国，公众参与生态环境保护治理的形式多种多样，主要有声势浩大的公众生态环境保护运动、生态环境治理的听证会、公民生态环境保护诉讼、公众参与环境影响评价等。美国国家公园创立之初，多种多样的群众生态环境保护运动影响并推动了国家公园管理体制的建立与发展。一些学者、非政府组织、社会公众积极与政府进行谈判，著名的"赫奇赫奇争论"就是美国生态环境保护利益相关群体参与治理的行动表现，直接推动了美国国家公园管理局的成立。听证会也是美国公众参与生态功能区治理政策制定和执行的主要方式，如美国水污染法的制订过程中就广泛地采取听证会的方式，吸收公众的意见。

环境影响评价制度与环境信息公开制度为美国公众参与生态环境公共治理提供了制度基础，环境影响评价制度与环境信息公开制度的相对规范与完备、

---

① 石宏仁. 生态系统管理在美国政界引发的争论及其在各州的实施情况 [J]. 国土资源情报，2003（12）：19.

可操作性强等因素为公众参与生态环境治理提供了保障。1969 年，美国制定了《国家环境政策法》，在世界范围内率先确立了环境影响评价制度，依据该法设立的国家环境质量委员会于 1978 年制定了《国家环境政策法实施条例》（简称 CEQ 条例），为其提供了可操作的规范性标准和程序。美国环境影响评价的程序一般可分为四个阶段：第一阶段决定是否编制环评报告书，联邦机构如果认为建议的"联邦行动"不属于通常要做环评的行为，则应在联邦公报上发表"无重大影响认定书"；假如决定准备评价书则应发布意向公告，接受公众和各方面的审查，通过审查认可或推翻该认定。第二阶段是确定评价的范围，编制者应召开相关会议，召集有关方面会商，共同加以确定。此过程可以使公众和其他机构能及时地参与讨论评价的规划，确定评价书的范围，以及讨论界定评价书的重大议题。第三阶段是编制环境影响报告书的初稿。第四阶段是环境影响报告书的评价和定稿，将初稿公布在联邦公报上以后，通过公开听证会的形式邀请各方参与评论，在充分讨论的基础上形成最终报告书（final）。[1] 美国还创建了相对完备的公众参与的法律法规体系，公民诉讼制度有效地保证了公民参与生态环境的保护与治理。1972 年的修正案明文规定了公民的诉讼资格。美国公民可以对污染者和对行政机关提起公民诉讼，进一步保障了公民生态治理的权利。

（四）良好的信息公开机制

在生态环境保护与治理中，保持社会公众的知情权是保障公众参与治理的重要因素。美国建立了良好的生态环境治理信息公开制度，在环境立法中明确规定了环境信息对公众公开的必循条款，支持社会公众参与治理。通过专门的《应急计划和社区知情权法》，在法律上赋予公众知情权。

（五）生态保护与民族精神融合统一的治理理念

与欧洲老牌资本主义国家相比，美国是个历史短暂的国家，也曾经经常被讥讽为没有历史和文化的民族统一体。美国国家公园最初的建立，就蕴含着强烈的美国精神的价值追求，建立的直接目标并不是完全出于现代意义上的生态资源保护。美国国家公园设想的最初提出，因为饱含了美国艺术家、探险家、文学家的自然和艺术体验而极具浪漫主义和猎奇色彩。伴随美国西部地区的开

---

① 古晓丹. 中美环境影响评价制度比较分析 [J]. 法制与社会，2007（02）：247.

发，西部地区所富含的迷人的自然景观折服了美国的民族主义者。美国人终于在自然的荒野中，找到了能够凝聚其民族精神、用以展示美国特性的重要媒介——风景，"风景民族主义"由此而产生。而保护那些自然奇观免受私人破坏和滥用，捍卫美国精神就成为美国建立国家公园的直接动因。1832 年，美国画家乔治·卡特琳（Gcorgecatlin）最早提出了国家公园（National Park）的概念。他提出一个建议："为了后世的美国高尚公民，以及整个世界的视野，这会是多么值得美国保护与维持的美景与令人激动的范本啊！一个'国家公园'，包含了人与野兽，以及美景的原始面貌。"① 美国东部的文学家、艺术家、探险家和学者们纷纷来到西部地区考察，出于保护本民族文化遗产的强烈动机，开始了大力宣传国家公园的理念，并积极鼓动议会立法保护这些地区。1864 年，第一座州立公园约塞米蒂公园成立；1872 年，美国总统格兰特签署法案设立黄石国家公园，美国国会通过了该法案。从此，掀开了美国国家公园体系的篇章。由此可见，在美国对自然资源的保护的信念在某种意义上已经内化成对美国民族精神的捍卫，具有良好的理念基础。

二、英国生态公共治理的实践

英国作为工业革命的发源地，工业化推动现代化发展的同时，也带来了严重的生态环境破坏，生态环境的污染和周围生态服务功能体系的功能破坏，使英国经济和社会持续发展面临困境。对此，英国政府开展了卓有成效的保护与治理工作，除了采用国家公园、设立保护区等保护模式外，广泛地吸收公众参与治理是成功的重要因素。英国在生态环境治理中，积极推动公众的深度参与，并且在法律赋权的基础上建立了公众参与决策和执行过程、平等协商的完备的公众参与机制，基本上形成了生态环境保护的多中心治理格局。

（一）公众参与环境治理的法律权利

在英国，公众享有合法的环境知情权、参与环境事务决策权和环境诉讼参与权。1981 年，英国《最高法院法》中明确规定，申请人只有表现出"与申请的案子有关的足够的利益或兴趣"，才能被认为具备代表性。但是，在民事诉讼中，关于代表性的规定就比较宽泛，公民个人就可以对违背环境法的行为起诉。1992 年颁布的《环境信息条例》明确规定，除了某些例外，任何寻求

---

① 吴保光. 美国国家公园体系的起源及其形成 [D]. 厦门大学，2009：29.

环境信息的个人都有从任何公共机构获得环境信息的权利。所有拥有环境信息的公共机构都有义务，只要有请求，必须在 2 个月内对任何不必提供兴趣或利益的个人提供环境信息，任何拒绝都必须以书面的形式予以回答，并对拒绝的原因进行说明。① 除了对公众知情权作出法律规定外，为了进一步扩大公众获取环境信息的渠道，英国在 1999 年颁布了《信息自由法案》。依据该法案，环保社团和当地社区可以对不同级别的政府决策表达反对意见，但是前提是要依据已掌握的信息作出理性的判断。英国在 1985 年和 1990 年相继颁布了《地方政府法》的《城镇和乡村规划法》，法律进一步赋予公众咨询和参与的法定权利。如果需要，以当地公众质询的形式展开。一般情况下，委员会或附设委员会会议，都应该向公众开放，会议议程的复本和为会议准备的报告至少在会议开始 3 天前对公众公开，接受公众的检查。会议结束后，某些文件要向公众公开，接受公众的检查要长达 6 年的时间。② 1997 年，英国工党上台以后，公众参与环境治理的形式更加丰富，建立常设性质的公民专题讨论小组和论坛、公民陪审团、民意测验、兴趣群体等保证公众参与决策过程。

（二）利益主体深度参与

制定生态资源保护与开发规划是一项十分复杂而艰巨的工作，规划本身既涉及生态资源保护的具体内容，也会触及现实社会中生态保护与经济开发等多元利益纠葛。在英国，关于生态治理的规划设计阶段，广泛多元的调动利益相关者的积极性，充分吸收利益相关者的意见和建议，通过多元参与、充分论证、利益平衡等程序，审慎地制定规划，是生态环境治理取得良好成效的基础。唐开斯特镇位于英国的中北部，是英国工业化进程中历史悠久的制造业中心和老工业基地。长达一百五六十年的老工业基地的开发模式，造成了唐开斯特镇生态环境的严重破坏。在人们深刻反思对自然生态过度开发所导致的严峻现实危机后，创建了地球中心，开始致力于老工业基地的生态恢复和重建工作。"地球中心建立之初，确定合理的目标就是设计者考虑的首要因素，他们瞄准了人们对未来美好环境的期望这一精神需求，将发展可持续旅游、开展环境教育活动列为主要目标，进行了系统的设计和规划，把恢复和重建工作立足

---

① 侯小伏. 英国环境管理的公众参与及其对中国的启示 [J]. 中国人口·资源与环境，2004（5）：126.
② 侯小伏. 英国环境管理的公众参与及其对中国的启示 [J]. 中国人口·资源与环境，2004（5）：126.

于高起点和高水平"。① 规划部门工作人员、政府官员、非政府组织、当地社区群众、从事生态环境、经济、社会研究的科研人员，以及所有利益相关的组织和个人都可以参与到规划的制定过程中来。在规划制定前，代表不同利益的群体共同学习知识、分享经验、表达各自的意见和利益要求。规划制定者充分听取和吸收各方意见，通过综合平衡，兼顾生态环境与经济发展的多元利益要求，制定出切实可行的规划。

（三）多元主体分工合作

在英国的生态治理实践中，生态治理的相关规划制定后，在实施阶段则由非政府组织和商业咨询机构来具体负责。市场机制和政府组织严格监督和控制非政府组织和商业机构的规划实施情况，对其是否与规划目标相一致，是否兼顾了政府的生态保护目标和经济利益都要予以管理。政府部门放权给非政府组织，而只负责监督和纠正规划实施过程中的问题和偏差。这种决策—执行—监督相分离的治理过程，有利于规划取得预期效果。政府部门从繁重的具体执行流程中解脱出来，不仅使政府能够更加透明和公正地进行监督和管理，而且使政府有精力综合和系统地考虑生态保护的整体工作。这种明确的职责角色分工有助于政府组织和非政府组织各司其职、各尽其责，大大减少了组织之间的功能消耗，节约了社会资源和管理成本。

（四）尊重差异的平等协商机制

在生态环境治理中，通常的问题就是尽管大家对于生态环境保护能够达成共识，但是对于保护的具体目标和方法又有诸多的考虑。在英国，生态治理中同样存在利益的分歧，比如：社区群众、商业机构、非政府组织机构、政府部门之间，就存在认识上的差异。尊重差异，也是生态保护的基本理念，尊重差异才能够实现生物界多样性。而人类社会内部，由于所处地位的不同、所受教育的不同、对自然资源的需求状况的不同，在生态治理中存在分歧是在所难免的。解决问题的关键在于建立一个多元平等的利益协商机制，尽可能地在充分交流和协商的基础上形成决策。基于对这些差异的认知和思考，英国的具体经验就是尽量地通过协商和交流取得共识，而对差异给予足够的尊重，即给予适

---

① 李现武. 合理保护和开发自然资源，实现区域可持续发展——对英国、印度自然资源保护和开发考察的思考[J]. 世界环境，2003（11）：13.

应的柔性管理空间。尊重差异，能够最大限度地保证人们参与的积极性，良好的差异表达也要借助于平等的参与互动。

（五）注重市场手段的发挥

英国作为一个市场经济体制比较完善的国家，在生态环境治理实践中，注重市场调节机制作用的发挥。比如：在温室气体减排方面除了提供明确的政策导向外，还非常看重税收等金融手段的调节作用。英国从 2001 年开始征收气候税，在全球率先推出这一税种。根据这一政策，除居民用电外，所有的用电都需要上缴气候税，与之配合的是英国财政部出台的气候税减征措施。企业如按时完成减排目标，可以减免 80％的气候税。为鼓励更多的企业提高能效、减少温室气体排放，英国财政部还设立了面向企业的减排基金。只要与财政部签下减排协议的企业，都可申请一定数量的无息贷款，用于技术改造和设备更新等。英国环境大臣米利班德表示，为鼓励民众主动关注环保，正考虑推出一揽子环境税收计划。这些计划可能包括对大排气量汽车征收路税，增收石油、天然气制品销售税，甚至对新建筑设计中不考虑节能环保的工程增加税收等。2007 年 3 月，英国的气候变化法草案开始公开征求意见。为鼓励企业减排和找到成本有效的应对办法，英国政府采取了征收气候变化税和推行排放交易制度等措施，并资助建立 Carbon Trust 和 Energy Saving Trust 两家机构，为企业和公众提供相关的咨询和服务。2007 年 11 月 15 日，英国议会正式公布《气候变化法案》，并进入立法程序。这有望成为世界上第一个有关气候变化的立法。[①]

（六）生态资源保护与开发并举的治理理念

在生态环境治理中，很容易陷入的就是保护与开发之间的矛盾泥沼。在通常意义上来讲，人们会认为对于生态资源的保护就意味着限制和禁止人类的开发行为，或者是采取从重要的生态功能区内将人迁移的解决办法。这种观点的存在势必使人与自然处于对立的两极，也无益于生态环境的治理和保护。在英国，经济发展与资源保护多赢的思想是其制定和实施规划过程中的指导思想，坚持从整体上看待经济发展与生态环境保护之间的关系，主张在生态环境承受能力范围内积极保护和开发利用资源。反对因保护生态环境而抑制或阻止经济

① 魏磊．英国生态环境保护政策与启示 [J]．节能与环保，2008（12）：16．

发展，相反，对于粗放式的资源耗竭来获取短期的经济利益也是绝对不容许的。在生态环境治理中，采用多种经营发展方式，为农户提供了更多的生计选择，变革他们传统的生活生产方式，尽可能地减少他们对生态环境的干扰。在多元主体的积极参与下，获得牢固的社会基础和生态基础，适度的开发与增长为生态环境保护工作提供了更好的物质条件。在此过程中，自觉形成的环保意识的提高给生态资源保护提供了保障，促成了生态环境保护、经济发展与社会进步目标的实现。

三、加拿大生态公共治理的实践

加拿大是一个市场经济高度发达的国家，高科技工业产业带动了经济的发展。与此同时，农业、林业、采矿业等与自然资源密切相关的产业在整个国民经济体系中占有重要的位置，经济社会发展中对于自然资源的高度依托，促使加拿大政府十分重视生态环境治理工作。在具体的生态资源保护过程中，加拿大政府采取社会参与型治理模式。社会参与型治理模式是指在生态环境建设的过程中，公民个人通过一定的程序或途径参与一切生态环境建设相关的决策活动，也可以组成社会组织并通过组织化的形式表达个人意愿，参与建设活动，使最后的决策符合广大公众的切身利益。① 社会参与型治理模式使加拿大生态环境治理的成效显著

（一）科学制定生态环境治理规划

为了加强对水源涵养生态功能区的保护，加拿大注重对森林资源的保护，实施了"绿色计划"。加拿大的"绿色计划"是 1990 年由联邦政府和省级部长会议提出持续经营森林的主要目标、原则和规定后宣布实施的，1992 年召开的加拿大国家林业大会又为此制定了"国家林业战略——可持续的森林：加拿大的承诺"，提出了加拿大推行林业可持续发展的 96 项承诺，把维护和提高森林生态系统的长期健康，使全国和全球受益，为现在和将来的人们提供环境、经济、社会和文化利益作为持续林业的目标，制定了 9 个方面的战略指导原则、行动框架和 121 项具体承诺，使林业可持续发展的目标体系进一步完善和细化。②

---

① 任宝平．西部地区生态环境重建模式研究 [M]．北京：人民出版社，2008：41.
② 李世东，陈幸良，李金华．世界重点生态工程的政策措施及其启示 [J]．南京林业大学学报（人文社会科学版），2003（1）：41.

（二）自主治理的社会参与模式

加拿大联邦体制下，各省在经济发展、产业优势和资源含量等方面存在差异。而各省在与自然资源相关产业的发展中拥有各自的立法权，这就使加拿大联邦政府难以整体监控各个省的生态资源保护和开发状况。发展和保护的不同步，法律的差异，使加拿大的生态资源保护难以形成统一的全国型的规划，因此，加拿大联邦政府就采取了灵活的社会参与治理模式。政府并不成立统一的、专门性的生态环境保护机构，而是采取政府支持，充分调动社会参与的模式来进行生态治理。"环境与经济圆桌会议"是保障公众参与治理的重要方式，就是在有关环境保护决策方案讨论和制定的过程中广泛动员社会组织和群体参与的方法。加拿大政府召集环境与经济会议，社会各个层次的利益群体派出代表参与到政府的环境与经济会议中来。来自社会各界的代表针对加拿大的经济与生态环境可持续发展的问题开展广泛的商讨，在商讨的基础上形成生态环境治理的决策。

加拿大社会参与治理模式，为社会各个不同层次的利益人群参与到生态治理的调查与决策阶段提供了充分的保障，加拿大的"社区监测网络"是这种模式的具体体现。加拿大生态治理中的社区监测网络是由非政府组织发动的，2001 年，加拿大环境组织生态监测和评估网络办公室（EMAN CO）与加拿大自然联盟（CNF）联手发起依据社区进行生态环境监测，并为政策制定者提供环境治理信息的方法。社区监测网络建设之初，在全国 3 个试点社区展开试验，他们利用从加拿大志愿者行动组织筹集来的资金，雇用了 12 名地区协调人，由这些协调人动员和协助调查工作的进行。社区选取具有代表性和广泛性，兼顾了大型社区、小型社区、乡村社区与城市社区。社区的参与者经过初期培训后，就分别单独地开展监测活动。2003 年，加拿大社区监测网络计划试点阶段顺利结束，取得了非常好的社会效果和生态监测效果。社区居民通过亲身实践，掌握了水、土壤、空气质量的直接数据资料，增强了他们对自己所在区域生态环境质量的真实体验，生态环境保护的热情和生态环境危机意识也被激发出来，使他们参与决策的热情和能力都有所提升。通过社区居民认真、翔实的数据调查和监控活动，为政策制定者们提供了最及时、准确的信息，这些信息和数据帮助他们进行科学决策。社区监测网络为市民和政策制定者建立了沟通的桥梁，在信息的双向交流和互动过程中，增进了信任与合作。充分的社会参与，保证了生态治理的监督效力，促进了生态治理的效果。

（三）行业、企业高度信守的环境自觉行动

对于生态环境危机的深刻认识，使西方国家在生态环境治理范式上不断演进，从依靠环境法规的命令强制型发展到依靠环境经济政策实现治理，环境自觉行动正蓬勃兴起。联合国环境规划署对"环境自觉行动"（Voluntary environment initiatives）的定义是："包括一切自觉性的，并非法律或法规所强制要求的环境行动；包括制定环境行为准则、方针，建立能够促进组织在环境方面持续改进的环境管理体系，环境承诺，开展环境审计，编制环境报告，第三方认证以及同政府订立旨在改进环境行为的协议等具有广泛内容的途径和方法。"①加拿大在环境自觉行动实践中取得了丰硕的成果，行业协会组织制定本行业的环境行为标准，促使其会员改进和提高各自的环境表现；签订行业环境行动理解备忘录、公司主动改进环境表现的自觉行动、ISO14001 环境管理体系（EMS）的实施和认证等环境自觉行为蔚然成风。

第四节　国外生态公共治理理论与实践的启示

发达国家历经了先污染、后治理的生态治理路线，生态环境危机的严峻现实迫使发达国家探索生态治理的有效模式。发达国家生态环境保护与治理的阶段性成功，以及在生态公共治理过程中积累的具体经验值得借鉴。汲取这些经验，可以使中国避免重蹈发达国家的覆辙，对构建起符合中国现实的有效的治理模式具有重要的意义。

一、准确定位政府职能

欧美发达国家的生态环境治理取得了良好的成效，关键在于充分调动多元主体参与治理的公共治理模式，而在治理过程中政府扮演了有限政府的角色，发挥适度作用是公共治理成功的前提。政府在生态治理中的角色定位主要是组织机构的保障者、资金提供者、政策制定者等，扮演有限政府而非全能政府的角色。生态建设和生态保护所需资金投入量大，工程需要历时长，投入的资本

---

① 朱红伟．环境治理范式的演进与环境自觉行动［J］．重庆工商大学学报，2008（1）：66．

要相当长时间才能得到产出和效益。由于是公益性投入，缺少直接经济利益的刺激，企业和社会群体在投资上还是有所顾忌的，政府应该承担资金投入主体的责任。政府相对稳固和雄厚的资金投入是生态环境治理的保障，持续的制度供给使生态环境治理形成了长效机制。但是对于相对具体的治理行动政府并不直接插手，而是委托非政府组织、商业机构进行，使政府有更多精力致力于生态保护发展方向等重大问题的决策，有助于保证政府决策的正确和保持较高的治理效率。

二、开放平等的治理网络

为了实现生态环境公共治理，发动和调动公众治理热情的通用方法，就是在生态治理工程进行时，给予公众尊重，赋予其平等的参与权力，在参与和对话中建立信任，形成多元平等、彼此尊重的治理网络。英国和加拿大的生态环境治理，都有在规划制定阶段充分动员社会公众广泛参与的优良传统。在规划制定前，搭建生态功能区内相关利益群体协商对话的平台，充分尊重和平等对话是宗旨，保障参与者都能积极地阐述自己对生态问题的看法和意见要求，这些经过整合形成的规划具有深厚的社会基础。规划制定前的充分互动保障了规划制定是对公众利益需求有力的回应。

三、扩大公众参与力度

无论是美国国家公园管理模式，还是英国区域生态治理模式，抑或是加拿大的社会参与型治理模式，其成功极大程度上应归功于多元社会主体的广泛而深入的参与。长期浩大的生态治理工程要想取得成功，离不开社会各界的广泛参与和支持，从本质意义上讲，规划具有规定、计划、策划、安排等含义，也就是说规划既包含了对事物属性与事物发展方向的限定，也具有行动安排设计的操作意义。因此，成功的规划对于事物治理的成败具有决定性的作用，高度重视社会公众参与规划的制定和实施在发达国家的生态治理中几乎是通行的做法。从参与治理的深度上来看，英国和加拿大的社会公众甚至可以参与到生态治理规划的制定阶段，已经能够对治理决策产生重要的影响。在规划制定到工程开展的系统流程中，非政府组织和商业机构、公民也可以成为实施主体，保证了公众参与的广度。这种充分调动全社会力量参与规划制定与实施的治理模式，是生态环境治理成功的关键。在美国，公众参与生态治理的广度被拓宽，社会公众可以充当出资人、监督者、环境影响评价者等角色。广泛而多元的角色定位，使公众真正融入生态环境的治理中，保证了生态环境治理的良好成效。

四、健全公众参与法律机制

综观上述发达国家的成功治理，完善的法律法规体系是治理成功的共同保障，西方发达国家相继出台法律，赋予民间环保社团、社会公众参与生态环境保护事务的合法地位和合法权利，这是生态功能区公共治理成功的保障。如美国《联邦水污染控制法》明确规定了公众参与污染防治的治理机制。依据该法律，联邦及各州的环保局长应当鼓励社会公众参与联邦环保局或者州政府依据此法建立的项目和计划，支持公众参与排污限制、标准、规定的制定、修改和执行过程。《联邦水污染控制法》确定了公众在水污染控制中的参与地位，为公众参与污染治理奠定了法律基础。关于公众参与治理、公民知情权的法律制度体系也十分完备，保障社会公众参与治理能力的发挥。

五、形成公共治理的价值共识

上述几个发达国家根据自身的生态环境特性，利用的生态公共治理方式、手段各有千秋，但是注重将生态环境保护融入民族精神、公民精神的做法，帮助这些发达国家奠定了生态环境公共治理的价值基础。美国将生态资源保护与保护美国文化、保护美国民族精神有机结合，便于在生态治理中达成价值共识，在价值共识的基础上，进行生态环境保护，增强了内在的行为动力。英国、加拿大注重公民精神的发挥，通过自主参与治理，实现公共治理。发达国家生态环境治理的成功共性，不仅在于先进的生态管理思想和理念，更重要的是完备的公共治理机制，保证和调动多元利益群体参与治理，从而保障治理的成功，值得我们借鉴。

第六章 中国生态公共治理模式的创建

综观中国政府管制型生态治理的现实，可以认为，仅仅依靠政府管制已经难以满足生态文明时代人们的生态利益诉求，实现生态环境公共治理是缓解中国生态环境治理危机的根本途径。发达国家的治理模式诚然成熟有效，许多经验值得我们学习借鉴，但是鉴于中国生态治理与社会发展的实际情况，我们不能全盘照搬发达国家的治理模式，在探索中求进，走生态环境公共治理之路是我们理智的选择。借鉴国外生态公共治理理论与实践的成果，寻求实现中国生态公共治理的动力因素，创建适宜中国生态环境治理现实状况的公共治理模式势在必行。

第一节 治理模式创建的理论基础

鉴于政府管制型治理模式存在的现实失灵状况，公共治理的理想模式尚存在实施困境的现实状况，借鉴元治理理论与利益相关者理论，探索适合中国国情的生态环境治理模式就成为当务之急。

一、元治理理论

尽管治理理论致力于政府角色的重新界定，强调在治理背景下，政府应该实现从由全能政府向有限政府、有效政府的转变，政府角色不在于"划桨"，而在于"掌舵"。但是，治理理论并不完全排斥政府作用的发挥，相反，治理理论还提出了"元治理"的理念，意义在于政府虽然不再是单一的治理主体，不再拥有绝对的最高权威，但是仍然要在治理结构中发挥重要的作用，还要负责规范和协调其他社会组织的行为及相互关系。强调政府治理责任的前提在于政府自身角色的转变，即扮演"元治理角色"。"元治理角色"的作用在于随着治理水平的不断提高，政府虽然已不是权力的全部垄断者，也不掌握着全部的权威，等级制和自上而下的命令控制正在逐渐失去话语权威，但是，它作为社会系统中具有较强资源调配能力和利益整合能力的组织，依然拥有相对庞大的信息资源，它是作为一个剔除了善恶判断的中立角色的"在场"，它可以为多元主体的发展提供基础性支持和服务，甚至在多元主体发生利益冲突时，以一个不可或缺的公平角色"出场"①。公共治理中的元治理思想，为中国生态环境"政府主导—利益相关者参与治理"模式保持政府主导地位提供了理论依据。

二、利益相关者理论

据文献显示，《牛津词典》是最早记载"利益相关者"（stakeholder）一词的工具书，它于 1708 年就收录了"利益相关者"这一词条，用来表示人们在某一项活动或某企业中"下注"（have a stake），在活动进行或企业运营的过程中抽头或赔本（Clarke，1998）②。利益相关者理论的早期思想，可以追溯到 1932 年，哈佛法学院的杜德指出：公司董事必须成为真正的受托人，他们不仅要代表股东的利益，而且也要代表其他利益主体如雇员、消费者特别是社区整体的利益。③

20 世纪 60 年代，西方学者才真正给出利益相关者的定义。1963 年，斯坦福研究所（SRI，Stanford Research Institute）进一步将"利益相关者"这一术语定义为"利益相关者是那些失去其支持，企业就无法生存的个人或团体"（Freeman，1984）。斯坦福研究所提出的利益相关者概念是一个"单边的"概念，该定义仅考虑利益相关者对企业的单方影响作用，忽视了利益相关者和企业之间的相互性影响。尽管这种分析方法仅仅从狭义的角度来界定利益相关者，但是它毕竟使人们认识到，在企业的周围还存在许多影响企业生存与发展的利益群体，进而揭示出为股东服务并非企业存在的唯一目的。但这一时期，利益相关者理论并没有引起人们足够的重视。自 1963 年美国斯坦福大学一个研究小组首次定义利益相关者后，关于利益相关者定义的研究逐步增多，迄今为止，经济学家已提出了近 30 种定义。

20 世纪 80 年代以后，利益相关者理论影响迅速扩大，并开始影响英、美

---

① 郭蕊. 权责关系的行政学分析［D］. 吉林大学行政学院，2009：149.

② ClarkeT. (1998). The Stakeholder Corporation: Abusiness Philosophy fortheIn formation Age. Long Range Planning, 31 (2): 182~194.

③ 转引自苏鹏. 西方利益相关者理论发展与评述［J］. 当代经理人，2006 (4): 227.

等国的公司治理模式的选择。弗里曼（Freeman）、多纳德逊（Donaldson）、布莱尔（Blair）、米切尔（Mitchell）等经济学家、管理学家从不同的角度对利益相关者概念进行了界定，一种关于公司治理结构的利益相关者理论逐步形成。其中，弗里曼（Freeman）的关于利益相关者的定义颇具代表性，弗里曼在其著作《战略管理：一种利益相关者的方法》一书中，对利益相关者进行了较为系统的探讨。弗里曼认为，"利益相关者是能够影响一个组织目标的实现，或者受到一个组织实现其目标过程影响的所有个体和群体"（Freeman，1984）①，该书的出版被认为是利益相关者理论正式形成的标志。弗里曼从更广义的视角分析利益相关者，认为利益相关者不仅是指能够影响企业目标达成的个体和群体，同时也包括企业目标实现过程中影响到的个体和群体，比如：职工、股东、顾客、供应商、政府部门、环境保护主义者等实体也应该纳入利益相关者管理的研究范畴，大大地扩展了利益相关者的内涵。Freeman 所给出的利益相关者的定义也成为最为经典的一个定义。

克拉克逊（Clarkson）的定义也比较具有代表性，他认为："利益相关者以及在企业中投入了一些实物资本、人力资本、财务资本或一些有价值的东西，并由此而承担了某些形式的风险；或者说，他们因企业活动而承受风险。"② 克拉克逊的界定强调了利益相关者与企业之间的相互关联，对利益相关者的界定更加具体化和集中化。20 世纪 90 年代以后，利益相关者相关的研究在广度和深度上都取得了较大的发展。托尼·布莱尔于 1996 年 1 月在新加坡发表演讲时提出，要建立一种利益相关者经济。这一理论很快被西方经济管理领域接受并得到发展。"利益相关者管理建立在道德规范的基础上，这些道德规范迫使企业协调好与企业利益相关者和股东的信托关系：①企业行为是为了实现企业客户、员工、供应商和股东利益的最大化；②要尊重并满足这些利益相关者的权利。"③ Mitchell 在考察了 27 种之多的利益相关者定义后认为，作为利益相关者必须具备三个条件：①影响力，即某一群体是否拥有影响企业决策的地位、能力和相应的手段；②合法性，即某一群体是否被法律和道义上赋予对企业拥有的索取权；③紧迫性，即某一群体的要求能否立即引起企业管理

---

① Freeman R E. Strategic Management：A Stakeholder Approach，25. Boston：Pitman，1984.

② 转引自付俊文，赵红. 利益相关者理论综述 [J]. 首都经济贸易大学学报，2006（2）：18.

③ ［美］约瑟夫·W. 韦斯（Josefh W. Weiss）. 符彩霞译. 商业伦理——利益相关者分析与问题管理方法（第 3 版）[M]. 北京：中国人民大学出版社，2005：27.

层的关注。① 20 世纪 70 年代，企业的社会责任日益被关注，人们开始意识到企业除了要承担经济责任，还应该承担法律、环境保护、道德和慈善等方面的社会责任（Milton Friedman，1970）。②

对利益相关者进行科学的分类，是对利益相关者进行科学管理的前提和基础。弗里曼（Freeman，1984）对于企业利益相关者的分类是从所有权、经济依赖性和社会利益的角度进行的，对企业拥有所有权的利益相关者是指那些持有公司股票的人员，对企业有经济依赖性的利益相关者包括经理人员、员工、债权人、供应商等，与公司在社会利益上有关系的则是政府、媒体、公众等。关于利益相关者界定的相关文献较为丰富，其中，以克拉克逊的多维细分法和米切尔评分法比较有代表性和影响力。

20 世纪 90 年代中期以来，"多维细分法"日益成为利益相关者分析中最常用的方法，利益相关者分类方法更加丰富与细致。克拉克逊的两种分类方法较有代表性，一种是根据相关群体在企业经营活动中所承担的风险不同，将企业利益相关者分为自愿利益相关者（Voluntary Stakeholders）和非自愿利益相关者（Involuntary Stakeholders）。自愿利益相关者是指在企业经营活动中，采取积极主动的态度进行物质资本或人力资本投资，同时对由于企业经营活动所带来的风险能够自愿承担的个人或群体；非自愿利益相关者是指被动承担了风险的个人或群体。克拉克逊的第二种分类方法，是依据相关者群体与企业联系的紧密性程度进行的划分，将利益相关者分为：首要的利益相关者（Primary Stakeholders）和次要的利益相关者（Secondary Stakeholders）。③

威勒将社会性维度引入到利益相关者的界定中，结合克拉克逊提出的紧密性维度，威勒将所有的利益相关者分为以下四种（Wheeler，1998）：①首要的社会性利益相关者，他们与企业有直接的关系，并且有人的参加，如顾客、投资者、雇员、当地社区、供应商、其他商业合伙人等。②次要的社会性利益相关者，他们通过社会性活动与企业形成间接联系，如居民团体、相关企业、众多的利益集团等。③首要的非社会利益相关者，他们对企业有直接的影响，但不与具体的人发生联系，如自然环境、人类后代等。④次要的非社会性利益相

---

①　楚永生. 利益相关者理论最新发展理论综述 [J]. 聊城大学学报（社会科学版），2004（2）：34.

②　Milton Friedman, The social Responsibility Of Business Is to Increase Its Profits [J]. New York Times Magazine, 1970, 9（13）：34～45.

③　贾生华，陈宏辉. 利益相关者的界定方法述评 [J]. 外国经济与管理，2002（5）：15.

关者，他们对企业有间接的影响，也不包括与人的联系，如非人物种等。①

米切尔（Mitchell，1997）提出了"米切尔评分法"，明确地指出利益相关者的确认和利益相关者的特征是利益相关者理论研究的核心问题。利益相关者的确认就是指谁是企业的利益相关者；利益相关者的特征，即管理层依据什么来给予特定群体以关注。② 依据利益相关者具有合法性（Legitimacy）、权力性（Power）、紧急性（Urgency）的特性对利益相关者进行评分，从而实现利益相关者的分类。某一群体如果被赋予或拥有从法律和道义上的企业的索取权，或者是某种特定的对于企业的索取权就被认为具有合法性；权力性是指某一群体是否占据能够影响企业决策的地位，以及是否拥有影响企业决策的手段和能力；某一群体的要求是否能够立即吸引企业管理层的关注，就意味着该群体拥有紧急性。某一群体同时拥有合法性、权力性和紧急性，就被认定是影响企业生存与发展的确定型利益相关者（Definitive Stakeholders），确定型利益相关者主要包括股东、拥有人力资本的管理者、雇员和顾客，企业管理层必须高度重视这一群体的愿望和要求，并努力满足；只具备三项属性中的两项属性，与企业联系较为密切的群体被界定为预期型利益相关者（Expectant Stakeholders）。这种利益相关者又分为以下三种情况：第一，同时拥有合法性和权力性的群体，他们希望受到管理层的关注，也往往能够达到目的，在有些情况下还会正式地参与到企业决策的过程中。这些群体可能包括投资者、雇员和政府部门。第二，对企业拥有合法性和紧急性的群体，但却没有相应的权力来实施他们的要求。这种群体要想达到目的，需要赢得另外的更强有力的利益相关者的拥护，或者寄希望于管理层的善行。他们通常采取的办法是结盟、参与政治活动、唤醒管理层的良知等。第三，对企业拥有紧急性和权力性，但没有合法性的群体。这种人对企业而言是非常危险的，他们常常通过暴力来满足他们的要求。比如，在矛盾激化时不满意的员工会发动鲁莽的罢工，环境主义者采取示威游行等抗议的行动，政治和宗教极端主义者甚至还会发起恐怖主义活动。③ 只拥有三项属性中的一项的群体即为企业生存与发展的潜在的利益相关者（Latent Stakeholders），伴随企业的运行与发展，拥有合法性但缺少权力性和紧急性的群体，能否拥有企业属性的其他两项也是动态调整的。处于一种蛰伏

① 顿日霞．利益相关者共同治理模式研究［D］．青岛大学，2005：14.

② Mitchell. A · and Wood · Toward a Theory of Stakeholder Identification and Salience：Defining the Principle of Who and What Really Counts［J］．The Academy of Management Review，1997，22（4）：853～886.

③ 贾生华，陈宏辉．利益相关者的界定方法述评［J］．外国经济与管理，2002（5）：16.

状态（Dormant Status）利益相关者是指那些只有权力性而缺少合法性和紧急性的群体，实际上，当他们行使权力就成为应该重视和关注的利益相关者。在米切尔看来，无须太多关注那些只拥有紧急性、但不具备合法性和权力性的群体。米切尔评分法坚持用动态发展的视角界定利益相关者，对利益相关者的分类更加具有可操作性，成为最广泛应用的利益相关者界定方法。

考察利益相关者理论的发展，我们发现有三个概念非常重要，它们是我们解读利益相关者理论演进逻辑的钥匙、划分利益相关者理论发展阶段的界标和衡量不同利益相关者理论的标尺。这三个概念就是"利益相关者影响"（stakeholderinlluenee）、"利益相关者参与"（stakeholderpartieipa-tion）和"利益相关者共同治理"（stakeholderco-govemance）。三个概念的次第出现和发展，正好体现了人们在面对利益相关者问题时在策略上的"内化"过程和认识上的深化过程。[①]

利益相关者理论通过这三个概念出现的顺序，以及考察三个概念前后相继的逻辑，推演出利益相关者理论发展的重要线索，将利益相关者理论的研究与发展划分为三个阶段，即利益相关者影响阶段、利益相关者参与阶段、利益相关者共同治理阶段。"利益相关者影响"阶段的研究通常将"利益相关者"作为影响组织生存与发展的外部环境因素来研究，将其作为管理的客体予以考量和关注。利益相关者理论发展的第二个阶段是"利益相关者参与"的研究阶段，源于20世纪70年代中期。美国经济学家蒂尔当时这样评论道："我们原本只是认为利益相关者的观点会作为外因影响公司的战略决策和管理过程，但变化已经表明我们今天正在从利益相关者影响迈向利益相关者参与。但是，"参与"总是在某种既定主体主导之下的参与，充其量只能分享而不能主导、只能触及部分而不能掌控全局。[②]这一时期利益相关者虽然摆脱了管理客体的被动地位，但是在决策权限等方面有所保留。"利益相关者共同治理"研究阶段是利益相关者理论目前发展的最高阶段，20世纪90年代初期开始研究。强调利益相关者的主体地位，增强利益相关者的决策权、控制权成为这一阶段研究的热点。进一步说，公司应归利益相关者共同所有，企业的全体利益相关者都应该参与公司治理，他们通过剩余索取权的合理分配来实现自身的权益，通

---

① 王身余. 从"影响""参与"到"共同治理"——利益相关者理论发展的历史跨越及其启示 [J]. 湘潭大学学报（社会科学版），2008（6）：28.
② 王身余. 从"影响""参与"到"共同治理"——利益相关者理论发展的历史跨越及其启示 [J]. 湘潭大学学报（社会科学版），2008（6）：30.

过控制权的分配来相互牵制、约束，从而达到长期稳定合作的目的。[①] 利益相关者研究的演进，为组织治理模式选择中提供了依据，本书对于治理模式的构建则是从利益相关者参与治理的理论研究中汲取营养；之所以选择利益相关者参与治理的模式除了理论上借鉴外，更主要考虑到利益相关者参与比利益相关者共同治理更符合当前中国生态环境治理的现实需求。

三、模式构建的基本原则

原则是一种规范、规则，是人们行动必须遵守的尺度和准绳，科学的原则有利于人们的实践活动。生态环境政府主导—利益相关者参与治理模式构建的原则是新模式建设和运行过程中应遵循的准则，规定和明确了模式运行的尺度和方向。在生态环境"政府主导—利益相关者参与治理"模式发挥效能时，我们要以下原则为行动依据，不能逾越，这是我们模式构建和运行的前提。

（一）生态利益至上，生态保护优先的治理原则

生态环境综合治理是当今国际社会生态系统综合管理理念与区域生态保护的共同要求。生态环境保护与治理的效果，关系到生态系统服务功能的存续和平衡，也关系到人类社会的可持续发展理念能否实现。尽管在治理模式上我们有许多的困惑和选择，但不能冲淡的是对生态利益和生态功能的保护这一主题。因此，生态环境治理过程中必须坚持生态利益至上的思想，对于影响生态功能维护的行为予以坚决制止和严厉制裁。在生态环境治理中，尽管还面对多元利益相关者不同的利益诉求，但是在对于生态功能保护和生态利益维护上必须达成深度共识，基于这种共识方能构建起有效的治理模式。当利益相关者的个体或整体利益与生态环境保护的整体利益违背时，应当明确方向，坚定不移地捍卫生态利益和利益相关者公共治理的整体利益。对于我国重要生态功能区的管理应该坚持生态保护优先原则，转变唯经济增长的政绩观念，以生态环境保护效果和生态功能维护状况等指标作为管理效果评价的主要依据。

（二）适度增长与可持续发展并举原则

经济增长与生态保护之间的矛盾具有长期性，经济的过度、过快增长以及中国普遍存在的粗放型经济增长方式和掠夺式的资源开发利用方式是造成生态

---

① 杨瑞龙，周业安. 企业的利益相关者理论及其应用 [M]. 北京：经济科学出版社，2000：122.

环境破坏的重要原因。增长与保护之间的争论从未落幕，过度的经济增长就要消耗自然资源，就会造成生态系统服务功能的损坏；僵化的生态保护是以禁止开发为前提，又会限制经济发展。但是，我们应该知道，生态环境并非一般商品，它具有社会公共产品的性质。我们赖以生存的生态系统除了供给人们生产和生活的自然资源，还为人们提供各种生态服务功能，其生态效益、社会效益要大于经济效益，不应盲目追求利润最大化，要注重生态资源的永续利用和生态系统服务功能的可持续发展。因此，生态环境综合治理中，必须坚持经济适度增长与可持续发展并举的指导思想，发展循环经济，明确划定生态功能区的禁止开发和限制开发区域；在生态功能保护区和自然保护区治理中要以限制开发和禁止开发为前提，有效协调增长与保护之间的矛盾，对于禁止开发区域予以坚决的保护。合理划分禁止开发、限制开发、重点开发和优化开发区域，引导产业合理布局，资源适度开发，实现符合区域协调发展的战略要求。在国家制定重大经济技术战略和生态环境保护战略时，坚持经济适度增长与可持续发展并举的原则，在经济增长与环境保护之间寻求平衡。

（三）多重保护与主导功能兼顾原则

坚持综合生态系统管理思想，在生态环境治理中，明确生态功能区的主导功能，在实现多重保护的同时，实施以主导功能分类管理的原则，对于生态环境保护与治理效率的提升具有十分重要的意义。主导功能原则具体是指生态功能的确定以生态系统的主导服务功能为主。生态功能区往往同时具有多重生态功能，重要生态功能区的治理要在综合治理与保护的过程中，突出和明确主要功能，加强对主要功能的修复与维护。在具有多种生态服务功能的地域，以生态调节功能优先；在具有多种生态调节功能的地域，以主导调节功能优先。①明确全国不同区域的生态系统类型、生态环境问题、生态敏感性和生态系统服务功能类型及其空间分布特征，明确各类生态功能区的主导生态服务功能以及生态环境保护目标。区分定位主要功能，对于生态功能区公共治理具有很强的指导与操作性。按照主体功能定位调整完善区域政策和绩效评价，规范空间开发秩序，形成合理的空间开发结构，以尽可能少的资源消耗，尽可能小的环境代价，实现区域经济社会尽可能好的发展。例如，对于同时具备水源涵养和生物多样性维持双重功能的生态功能区，在治理过程中难以同时有效维护的情况

---

① 全国生态功能区划纲要.

下，便可依据主导功能原则治理，明确当下保护那个功能最为必要，进而率先治理就会大大提升治理的有效性。

（四）统筹兼顾、利益均衡原则

利益均衡、统筹兼顾原则，是指在生态环境保护与治理中，协调各种利益关系，统筹兼顾各利益相关主体的利益需求，使之相互促进、和谐发展。在生态环境治理中，利益相关者利益诉求具有差异性，利益纠结往往表现出多层次、多属性的特点。如从纵向层次上看，可以呈现出国家利益、区域利益、地方利益的纠结；从利益属性上，可以表现出生态利益、经济利益、公共利益等利益多重利益需求。在此背景下，多元利益需求经常会彼此冲突和矛盾。坚持统筹兼顾利益均衡的原则，利益相关者的多元利益需求被统筹兼顾，经济社会发展与自然和谐发展被统筹规划，从而实现利益相互协调与平衡。

第二节　治理模式创建的现实依据

从某种意义上来看，中国自改革开放以来，在社会政治经济领域的转型和体制变革，恰好为治理理论在中国应用创造了契机。中国民间生态环境保护组织的发展为公共治理运行提供了组织支持，在生态环境治理领域中，以政府为权力垄断者的单中心治理模式已经落后或不适应当前生态环境加强治理的迫切形势。中国市场经济的渐趋完善，民间生态环境保护组织的能力在不断增强，表明除政府之外的组织、机构行将逐步承担起生态环境保护与治理的责任。就中国生态环境保护与治理而言，真正有效的治理模式应是与中国的政治传统、经济发展状况、公民文化相契合，能有效激励和带动社会公众参与的治理模式。治理时代的来临，引入利益相关者理论，寻找公共利益与公共治理有效结合点，通过对生态治理涉及的利益元素深入分析，重新定位生态治理中的利益相关者，构筑"政府主导—利益相关者参与治理"模式，是生态环境良善治理目标与生态文明社会实现的根本路径。

一、政治体制改革不断深化

中国政治体制改革的不断深化为利益相关者参与治理提供了制度基础。党的十一届三中全会以后，中国的政治体制和治国方式都发生了根本性转变，以往权力高度集中的政治体制在朝着民主化、法治化的轨道发展，中国正在实现从人治社会向法治社会的转变。政治体制和治国方式的变化，为政治参与的发展提供了更为优良的政治环境和更为优化的实现机制，为公民积极参与政治生活创造了更为便利的条件。① 受市场经济体制和国际社会治理变革以及中国实际政治社会发展状况的三维影响，中国政府开始重新探索国家和社会公共事务的管理模式，政府逐步放权的趋势日益明显，具体表现为：①中央政府向地方政府放权。中央政府将管理权、决策权、财政权等权力大幅度地下放给地方政府；②政企分开。政府将经营权、决策权、人事权还给企业，增强了企业的自主性和活力；③政社分开。政府向社会大幅度放权，政府从大部分生产、经营、民事和文化、艺术和学术等领域中撤出，不再履行直接的管理职能，而将这些具体的管理职能转交给相关的民间组织，如行业协会、志愿团体等。这种大规模的放权行为，使公民感受到的自由活动的空间前所未有地增大，生态治理的热情被激发出来。政府降低了对经济生活的干预，由全能政府向有限政府转型。政府与社会、政府与公民呈现一种新型关系。政府的运作方式发生了很大的变化，法律在各个领域开始发挥作用，依法行政成为政府运作的基本要求。伴随着政府权力的逐步下放，作为政府补充物的"单位"在基层社会公共事务管理中的作用也大为弱化，而社区的作用、社会的作用增大，福利单位化也被逐步建立的社会保障制度所替代。② 政治体制改革为生态环境治理的民间组织发展提供了空间，民间生态环境保护组织在生态环境保护的宣传与治理中发挥的作用越来越重要，并且承担了一部分原来由政府承担的职能。政府治理模式的转变，大规模的放权给社会带来了生机和活力，给社会组织和企业参与公共治理留出了适度的空间，这是公共治理得以在中国扎根的必要条件。

二、中国公民社会渐趋成熟

由于中国政府鼓励和支持，中国民间环境保护组织的政治、经济和法律环境得到改善，多元利益主体参与治理提上议程，中国公民社会的发展促进利益相关者参与能力的提高。20 世纪 90 年代后期，中国民间环境保护组织兴起和蓬勃发展，既是中国环境保护事业发展出现的新生事物，也是中国公众以自愿

---

① 麻宝斌．中国社会转型时期的群体性政治参与 [M]．北京：中国社会科学出版社，2009：59.
② 钱振明．公共治理转型的全球分析 [J]．江苏行政学院学报，2009 (1)：113.

的方式达成某种实现公共利益的内在制度安排。正在兴起的公民社会不仅成为沟通政府和公民之间的一座重要桥梁，更催生公共治理时代的多元治理变为现实。

21世纪，中国经济继续保持良好的发展势头，人们的生活水平大幅度提高，客观上给公民社会的兴起和发展提供了经济支持。公民自我意识的提升、民间组织在公共领域的活跃，为各级政府治理奠定了社会基础。随着民间组织实力的增强和活动日益规范，民间组织的作用也越来越重要，对促进经济发展、推进社会进步、维护社会稳定、建立和谐社会产生了积极的影响。中国比较活跃的民间环保组织有自然之友、绿网、绿色和平等，它们在中国西部组织了大量的环保活动。全球绿色基金（GGF）通过小额资金支持，每年投入近600万美元帮助中国，特别是西部的正在起步的基层环保组织。[①]

中国环境非政府组织的行动能力有所增强，活动方式也更加丰富，通过出版书籍、印刷资料、举办讲座、组织培训等各种方式开展环境保护的宣教活动。2004年9月26日，环境与发展研究所、阿拉善SEE生态协会、自然之友、地球村、绿岛等九家环境非政府组织在北京聚集，举行了一场题为"中国西南水电开发热的冷思考"的研讨会，发出名为"留住虎跳峡，留住长江第一湾"的呼吁书。呼吁要求有关部门从保护金沙江流域生物多样性和文化多样性的角度，从尊重这个地区居民生存权的角度出发，希望停止云南虎跳峡"一库八级"梯级水电站的建设。这些环境保护组织的积极行动，表明中国对于实现生态环境公共治理的公民社会基础逐渐成熟。

三、公共治理推进生态文明建设

传统的治理模式是一种与工业社会、工业经济时代的公共管理相适应的实践模式，当人类社会由工业化社会向信息社会或后工业社会转型的时候，传统的公共治理模式必然会显得越来越不适应，人类必须寻求一种与新的信息社会、知识经济相适应的公共治理模式。[②]

伴随治理理论的发展与实践的不断深入，西方国家特别是欧美发达国家应用公共治理模式在生态环境保护中取得了阶段性的成功。20世纪90年代中期以后，治理理论日益被中国行政学界和相关领域学者重视和引入，成为中国政

---

① 杨曼利. 自主治理制度与西部生态环境治理 [J]. 理论导刊, 2006 (4): 55.
② 钱振明. 公共治理转型的全球分析 [J]. 江苏行政学院学报, 2009 (1): 111.

府创新和公共事务治理创新的理论依据，公共治理也为中国生态环境治理提供了新的思路。汲取治理理论精华，借鉴欧美发达国家生态环境公共治理成功的经验，对于完善中国政府生态环境治理模式具有重要的意义。"概言之，在现代化过程中，治理模式的选择面临着两个基本目标：一是吸纳新的社会力量或阶级、阶层，或在社会力量此消彼长时，予以调整，从而实现政治稳定；二是以尽可能少的政治决策成本来最大限度地推动经济社会发展。这两个目标也构成了描述与评价治理模式的基本维度。如此，在现代化过程中，治理模式选择的基本问题就是：如何选择一种既具有吸纳能力同时又减少决策成本的治理模式。"[①]

公共治理适应生态文明社会的需要，主要体现为有助于生态利益的维护与保障。所谓生态公共治理的动力因素，是指对于形成公共治理网络具有促进作用的因子，特别是有助于凝结多元治理网络，激发社会公众参与的诱致因素。生态文明时代的来临，使生态利益追求凸显了出来。因此，关注公民的生态利益诉求，挖掘生态利益与经济利益等矛盾因素，从利益分析的视角倡导和推进生态公共治理是必然的选择。

对于治理模式的选择，以及如何增强吸纳主体、调动主体的参与热情，我们需要培养公共利益观念，更需要利用趋利的心理使人们组织起来，调动人们的参与积极性，并投身于公共利益的追求中。在中国当前社会背景下，对于吸收社会公众参与治理的最有效因素仍然是利益因素，社会普遍的趋利心理成为吸引社会公众参与的理念动因。伴随市场经济的发展，当前国内民众对财富的渴望、逐利的冲动是史无前例的，对经济持续增长的社会心理预期实际主导和影响着人们的行为。生态环境恶化的现实，也恰恰暴露了人们急功近利的经济短视行为——人们只关注眼前利益及与个人家庭关系更直接的问题，对于生态利益的整合程度还相当低，公众对于生态利益的追求较经济利益相比淡漠很多。

生态环境治理中，蕴含了多元复杂的利益纠结。在多元的利益体系中，生态利益因其公共属性和模糊性，往往被淹没在其他利益的冲突与纠结当中。尽管公众的环保意识有所提高，但当必须在经济发展和环境保护之间进行抉择时，环境保护往往会让位于经济发展。公众对于环境保护持欢迎态度，认为政府应当为保护环境负主要责任。因此，政府应该加大对环保的投入，并把公众

---

① 王浦劬，李风华．中国治理模式导言［J］．湖南师范大学社会科学学报，2005（5）：44.

纳入环保决策制定的过程中来。① 生态环境政府管制型治理模式的困境与多元利益的纠结，恰好说明了在当前对于中国生态环境治理模式应该因势利导，采用一种在政府主导下，多元利益相关者参与的治理模式，恰逢其时地推动生态治理摆脱困境。

在生态环境治理中，梳理出对于生态利益实现的关键利益相关者，动员其率先垂范，由关键利益相关者带动，逐渐使公共利益的维护变成人们的自觉行为，这样才能实现向公共治理状态的跨越式发展，生态利益最大化的目标也指日可待。从利益主体的利益目标来看，生态利益涉及的众多主体，在目标取向上往往还存在着自我利益与公共利益、近期利益与长远利益、经济利益与环境利益、地方利益和整体利益等冲突和矛盾，生态环境综合治理实质上是一项全局性的利益大调整和制度大变革。在这样一个复杂的过程中，如果监管制度真空或监管不力，都将会给社会的稳定和经济的发展带来巨大的负面影响。基于利益相关角度，确立多元主体参与机制，为我们生态环境问题治理提供了一种新的路径和选择。通过对行政管理体制的改革，来引导多元主体参与社会事务，多元主体具体包括环境非政府组织、社区居民与企业等。生态环境保护与治理涉及各行各业，只有得到全社会的关心和支持，尤其是当地居民的广泛参与，才能实现治理目标。提高社会公众生态环境保护与治理的公共利益价值取向，将社会公众经济利益的现实渴望与生态公共治理的愿望有机结合，合理满足其自身利益的同时增进公共利益，只有这样生态环境公共治理的局面行将可能。

公共治理推进生态文明社会的实现。生态环境的治理是政府应尽的职责，但有效的治理也需要政府、社会、公众、企业乃至国际社会的共同参与。政府应当确立多元主体共同治理理念，优化公共治理结构，"追求一种公私合作，政府与社会力量互动的治理模式"，通过调动一切可以调动的力量来共同应对生态环境问题，实现政府治理效能的最大化。政府应当确立多元主体共同治理理念，用利益诱导和利益制约的机制，来培育多元主体对生态功能区治理的热情，优化公共治理结构，形成利益相关者参与治理，共同应对生态环境问题的新局面。

中国的经济社会发展水平总体上还处于发展中国家行列，现代化的社会发展目标与良好生态环境治理之间的矛盾强度将更为激烈。人口与资源、贫困与

---

① 李万新. 中国的环境监管与治理——理念、承诺、能力和赋权 [J]. 公共行政评论，2008 (5)：138.

掠夺、开发和治理等多重困境纠集在一起，使中国生态环境保护与治理成为一个极具挑战性的课题。中国生态环境治理的理论与实践均已证明，政府管制型治理作为生态环境公共资源问题的解决方案已面临挑战，中国市场机制对生态环境治理的力量还很薄弱，面对可持续发展战略与生态文明社会理念的广泛实施，借鉴新公共管理理论、公共治理理论的思想，中国的生态环境多元主体参与治理成为必然趋势。同时，应该转变传统的政府主导的管制型治理思路，即把对生态环境政府管理的理解从政府单一行政管理转变为由政府、企业、公共组织和公众共同参与的治理过程。利益相关者治理因其能够克服股东治理和员工治理模式的弊病，在公司治理中被广泛采纳，甚至有趋同的趋势。生态环境治理中，多元利益的纠结、现有模式难于协调利益冲突的现实表明，关注生态环境保护治理中的利益相关者的利益诉求，调动利益相关者参与治理对于生态系统治理具有积极的意义。

但不可否认的是，作为一种发展中的理论与应用范式，公共治理模式本身正在经历重大的变革与现实的挑战，这些变革涉及政府与政府、政府与企业、政府与市场、政府与社会相互关系的调整，也涉及一系列的制度设计和制度安排的创新性发展与变革。生态环境公共治理的实现更是需要一定的现实条件和社会环境支撑。中国作为发展中国家，处于现代化的变革与转型进程之中，面临着更为严峻的经济发展与环境保护之间的矛盾，转型期过渡性的特征在社会诸多领域有所显现，这些因素势必影响到生态环境公共治理的顺利实现。中国政府管制型治理的传统根深蒂固，加之中国市场经济体制不健全、社会公众参与治理意识的淡漠及治理能力匮乏等诸多因素，使公共治理在当前中国生态环境治理中面临实施的困境。公共治理是在西方工业化社会高度发展和市场经济充分发育的基础上发展起来的，而中国社会目前仍处于由农业社会向工业社会、传统社会向现代社会转型的攻坚时期，且受到诸多社会现实因素的影响与制约，生态环境公共治理还存在实施困境，寻找实现生态环境公共治理的动力因素，实现公共治理的本土化发展是中国生态环境有效治理的理性回应。寻求生态治理的动力因素，是减少中国生态治理成本，实现生态环境公共治理的必由之路。

构建"政府主导—利益相关者参与治理"模式对于中国生态环境治理而言是最佳选择。一方面，政府在生态环境保护与治理中取得了一定成效，且在整合社会力量和集中资源进行生态保护方面存在优势；另一方面，忽视和抑制社会公众参与是管理不力的重要原因。因此，发动社会公众参与治理，形成多元共治的局面是摆脱生态功能区管理不力的必然选择。由于中国公民社会的不成熟，缺乏环境保护的价值共识、参与能力、合作能力等因素，实现公众自觉参与的公共治理目前也难以达成。鉴于中国生态环境治理中的政府管制色彩浓厚、社会多元主体发育不成熟、公众参与能力低下等现实问题，使得现有的公共治理理论与模式陷入了实施困境。所以，我们必须结合国情实际，探索符合中国现实的、可操作性强的生态环境公共治理的新路径。因此，在政府主导的前提下，借鉴利益相关者理论在公司治理中的成功范式，关注生态环境保护中的利益相关者，着重分析他们的利益诉求和利益冲突，以利益协调和利益平衡为机制，调动利益相关者对生态环境保护的关注，从而形成利益相关者参与治理机制。这是实现中国生态环境公共治理的改进策略，也是基于中国社会生态文明建设现实的明智举措。

第三节　治理模式的内涵与特征

"政府主导—利益相关者参与治理"模式是基于政府管制型治理模式的失效以及公共治理的现实困境基础上，结合中国实际，引入利益相关者理论模型构建而成的。

一、治理模式的内涵

所谓"政府主导—利益相关者参与治理"模式，是指在生态环境治理中，保持各级政府及其相关行政部门的主导地位，充分关注利益相关者的利益需求，以利益相关者的利益冲突和利益协调为治理动因，调动利益相关者参与的积极性，并且在治理过程中广泛吸收利益相关者参与治理决策、实施、监管等环节的治理模式。目的在于通过利益协调和利益平衡，消除治理主体间的利益冲突，减少生态环境治理中的内耗，实现生态环境的良好治理。

"政府主导—利益相关者参与治理"模式中的政府主导，有其合理的边界，并不意味政府垄断所有权力进行管理；而在于保持政府在重大决策中的主导地位和统筹全局的能力，此时的政府更大程度地致力于制度供给、资金筹集、生态补偿、利益冲突协调等方面的统筹和协调。

"政府主导—利益相关者参与治理"模式中的利益相关者，改变了在管制型治理模式下的被动参与局面，增加其在治理决策、实施、监管中的位置和影响权重。利益相关者的广泛参与主要体现在治理过程中的相互监督、对于生态环境状况的适时监控、提出治理的相关建议和要求等方面。

二、治理模式的特征

（一）继续发挥政府主导功能

"政府主导—利益相关者参与治理"模式，打破管制型治理模式下的一元主体治理局面，将多元利益相关者引入治理机制，共同参与生态环境的治理，实现了一元向多元的转变；与此同时，"政府主导—利益相关者参与治理"模式保留了政府的主导地位，鉴于政府在中国生态环境治理中的重要作用，政府仍然发挥元治理的作用，在治理过程中具备较高的地位和整体协调能力，但不再是唯一的治理主体。一般说来，公共治理模式的有效运行需要具备两个基本条件——政府适度的放权和成熟的公民社会。生态环境治理关系到多元利益主体的利益，从生态环境治理现实来看，政府管制型模式仍占据主导地位，多元主体参与治理机制远未形成。其他主体发育不成熟，对于生态环境保护的热情与能力还有待于提高，生态公共治理存在行动困境和效率困境。治理强调管理多元，管理主体共同参与，希望在管理系统内依靠系统内部的组织性和自主性形成一个自组织网络。这种理想化的自主性在行动方面难免出现困境，受组织因素和社会因素的影响。当前靠自主实现公共治理网络犹如空中楼阁，难以构建，导致理论应用的无效。这就需要寻求建立组织网络的纽带和依据，而坚持政府主导型治理不失为良好的解决办法。在政府主导型治理背景下，政府积极培育生态环境相关治理主体，以保护和增进多元主体生态利益，吸引其参与公共治理，形成多元主体参与治理的网络是生态环境公共治理的必然趋势。而其他主体的不成熟决定其目前只能是参与治理，而非与政府共同治理。公共治理的实现路径就是在政府主导下的利益相关者参与治理模式。

公共治理模式选择意味着鼓励多元主体参与治理，但并不完全否定政府的重要影响，政府还不能完全放权，很多时候还需要政府的干预，中国公共事业的实践经验表明，政府管制型模式在中国还有一定的生存空间。如对于汶川地震的救援和重建就体现了政府管制型治理模式的高效有力。在中国现阶段，要冲破公共利益实现过程中的"囚徒困境"，某种意义上还不能离开政府的强制。正如美国社会学家奥尔森曾说，"实际上，除非一个集团中人数很少，或者除非采取强制或其他特殊手段以使个人按照他们的共同利益行事，有理性的、寻求自我利益的个人不会采取行动以实现他们共同的或集团的利益。"① 在现代化的转轨阶段，政府的正确领导作用仍是我们的行动指南。因此，在鼓励多元社会力量发展的同时，强调政府的影响力仍然十分必要。只是这种影响力在公共治理时代，要有所限定、有所侧重和取舍。要合理定位政府角色，要在公共事务管理过程中有的放矢。另外，生态环境保护与治理的复杂性与长期性，也决定了政府作为重要的主体作用不能缺失。

（二）利益相关者参与而非合作治理

目前，由于中国生态环境治理中的利益相关者行动能力不足，决定其只能参与而非合作治理，利益相关者还很难作为独立主体与政府平等合作地进行生态环境保护与治理。因此，在当前形势下，只能通过吸收利益相关者广泛参与治理，在政府主导下，锻炼和培养其治理能力，为真正与政府合作治理奠定基础。"政府主导—利益相关者参与治理"模式，根本上改变了管制型治理模式下利益相关者被边缘化的局面，政府与利益相关者之间的关系发生变革，政府不再只是将利益相关者看作管理对象，而更多地成为生态治理中的平等参与主体。政府与利益相关者之间可以平等对话与协商，增强了权力的回应性。

（三）利益协调是模式运行的基础

"政府主导—利益相关者参与治理"模式建立的理论基础就是对于生态环境治理中利益相关者的利益诉求与利益冲突充分认知的基础上，通过利益协调、利益满足等机制，使利益相关者凝结起来，共同参与治理。因此，利益协调和利益平衡始终是此模式运行的重要基础，模式能否成功运行很大程度上取决于利益相关者的利益协调和利益满足的程度。在生态环境治理中，各类利益相关者拥有不同的利益诉求，围绕各自的利益诉求与其他主体之间进行利益协调和利益博弈。利益相关者的利益诉求受其所处的社会位置、需求层次、所受的政治文化传统等因素影响而存在差异。正确识别利益相关者，分析他们不同的利益诉求和可能的利益冲突，把握利益相关者的影响力，是构建"政府主导—利益相关者参与治理"模式的基本环节。

---

① ［美］奥尔森. 陈郁等译. 集体行动的逻辑［M］. 上海：上海人民出版社，1995：2.

三、治理模式的基本框架

识别生态治理中的利益相关者，是生态环境"政府主导—利益相关者参与治理"模式构建的第一步。准确识别利益相关者，对于生态环境有效治理和实现人与自然的持续、和谐发展具有重要的意义。生态环境是一个复杂的生态与社会系统，在这样的一个复杂系统中，涉及人与自然生态的双向互动和利益纠葛，既体现生态系统为人类创造价值和利益，也体现出人类社会活动对自然生态系统的影响。还包含人类社会系统内部对于自然生态开发、利用与保护治理过程中的人与人之间、组织之间的利益关系。因此，要想在纯粹和通透意义上厘清各利益主体以及彼此之间的利益关系几乎是不可能的。生态功能区的治理成效不仅关系到中国的生态环境安全，更成为关系中国生态文明社会与环境友好型社会实现与否的瓶颈因素。生态功能区的公共物品属性，加之其在中国生态环境保护与中国生态文明社会建设中的重要战略地位，以及生态文明背景下对于生态公共利益实现的重要意义，使之成为探讨中国社会公共事务治理之道变革的最佳载体，更是对公共治理理论进行应用研究的最好样本。结合生态功能区治理实际，对生态治理中的相关的十类利益相关者进行识别，分析利益相关者对于生态治理的影响力及其利益诉求，准确定位其在生态治理中的角色，从而建立一个"政府主导—利益相关者参与治理"的简化模型。

结合利益相关者研究和应用的已有成果，本书首次提出生态功能区利益相关者概念。依据弗里曼的界定，我们仔细梳理在中国生态功能区治理中的利益相关者，进一步将生态功能区治理中的利益相关者界定为生态功能区治理可能影响到的群体或个体，或是影响生态功能区治理的群体或个体。从此意义上，生态功能区治理的利益相关者主要包括以下群体或个体：

第一，中央政府。就中国生态功能区治理现状而言，中央政府在生态功能区治理中拥有至高的决策权，决定生态功能区治理的总体方向。中央政府作为宏观经济和社会发展、生态保护的总体调控者，负责制定国民经济和社会发展以及生态保护的相关政策，协调经济发展、社会进步和生态保护之间的关系，控制经济发展速度和规模，以政治决策、行政规划的方式影响和规约中国生态功能区治理的进程，是中国生态功能区治理中重要的利益相关者。国家和中央政府也是生态功能区治理中投资规模最大的、时效最长的投资者；另一方面，中央政府也会从生态功能区治理的效益中获得税收和社会经济效益；生态功能区治理的成效也会影响到中央政府的合法性和政治基础。

第二，生态功能区属地政府。生态功能区内的地方政府，作为国家宏观政策的具体执行者和生态功能区治理的实施者、组织者，他们依据中央政府关于生态功能区治理的总体规划和目标，结合所处生态功能区的生态自然状况，兼顾生态功能区内的经济社会发展，对生态功能区进行治理。地方政府拥有所辖区域内生态保护和治理的决策和执行权，为中央政府的决策和规划落实提供组织保障。根据国家的政策导向制定具体的、适宜所辖生态功能区发展的政策，促使生态功能区治理与当地社会经济发展之间的协调，是地方政府的重要职责。地方政府也承担辖区内生态功能区治理的资金投入责任，并且在积极促成其他投资主体在本地的投资中具有重要的协调作用，同时对区域内社会经济活动和生态功能区治理进行全面的监督和管理，运用行政强制的措施和方式影响着当地生态功能区治理活动。生态功能区治理的成效是社会公众对地方政府政绩评价的重要参数，社会公众对于生态治理的关注和对地方政府生态治理的满意度也会成为地方政府取得公众认可、赢得社会支持的重要砝码。

第三，相关政府行政部门。生态功能区往往承载多重生态服务功能，蕴含多种生态资源，因此在生态功能区的治理中碎片化的治理体制表现十分明显。那就是在生态功能区治理中，国家环境部、国土资源部、林业局、农业部等相关部门均享有一定的决策权和管理权，国家统计局、国家测绘局等部门也为政府行政决策提供信息和数据支持。这些政府相关的行政部门，在生态功能区治理中，共同遵守国家的生态规划，环境保护部在生态环境保护和治理中居于核心位置；而其他相关行政部门对于生态建设和生态治理的具体运作提供决策支持，并且负责职能范围内的生态治理的相关管理和监督。这些部门的意见，直接影响政府的决策。生态功能区生态功能恢复与维护效果直接反映出这些部门的工作效果。他们的科学规划和严格监管，有利于生态功能区治理的成功。

第四，生态功能区内社会公众。生态功能区内的公众与生态功能区治理休戚相关，生态功能区治理效果直接影响区域内公众的生活质量。但是，由于中国长期以来的政府主导型的治理传统，导致社会公众缺乏决策权，影响决策的能力也十分薄弱。而官本位思想的残留，也使得在很多情况下，政府的决策会无视生态功能区内普通社会公众的要求。因此，尽管生态功能区治理与区域内公众关系密切，公众参与是生态功能区治理的社会基础，生态功能治理依赖区域内社会大众的积极参与和支持，但是其对决策的影响能力还比较薄弱，参与治理的功能发挥不充分。

第五，生态功能区内相关产业部门。生态功能区为相关产业部门提供生产资料和生态服务功能，但是它们的发展程度和生产方式却间接影响着生态功能区的生态功能维护与治理。对于生态功能区内具有生产经营行为的产业部门，我们从生态功能区治理的角度，将其区分为符合生态功能区定位和不符合生态功能区定位的产业。符合生态功能区产业定位的企业是指企业的生产经营活动在生态功能区生态环境要求范围内，所产生的资源消耗和环境污染在许可范围内；而不符合的产业多是能源资源消耗较大，环境污染严重的产业。对于符合生态功能区定位的产业，我们积极支持，鼓励生产；但是对不符合生态功能区定位的产业，要明令禁止，严格监管。中国生态功能区保护区属于限制开发区，对于三高产业就是禁止的，也就是在重要生态功能区内对于污染大、消耗大的产业是不允许的。但是，这些产业即使是知晓自身对于生态功能区具有潜在的危害，出于利益的驱使也往往会明知故犯，在生态功能区内违规进行生产和经营活动，造成生态功能区生态环境的严重破坏。

第六，生态功能区治理相关的非政府组织。与生态功能区治理相关的非政府组织主要包括各级环境评价组织、行业协会、环境保护组织等，它们从专业角度和公众角度影响着中国生态功能区治理的整个过程。环境评价组织主要是对行业和产业发展过程中，进行生态环境资源消耗和污染状况的评价工作，依照国家环境治理的相关标准，对于行业、企业实施评估，虽然不具有生态功能区治理的直接决策权，但是由于作出的评价，会决定和影响相关产业、企业能否在生态功能区内从事经营行为，具有准入许可的功效。因此，环境评价组织的客观、公正的评价会成为生态功能区治理的保障。《环境影响评价法》（2003）要求项目开发方，或雇佣第三方，将项目环境影响的相关信息告知附近可能受到影响的居民区，并收集他们的书面意见或举行听证会。当环评报告得到环保部门的批准后，项目开发方才支付环评单位报酬。

行业协会作为非政府组织活跃于生态功能区治理的舞台，行业协会主要是通过制订行业标准，影响相关行业在生态功能区的准入和发展规模。生态环境保护组织则是从生态保护的角度进行多种多样的活动，非政府组织对于生态功能区治理中的政府决策和企业行为有较强的监督作用，如自然之友、野生动物保护协会等非政府组织都对于生态功能区治理施加影响。

第七，新闻媒体。国内外一些利益相关者研究中，经常把新闻媒体作为潜在的利益相关者来探讨，认为其对于生态功能区的影响微乎其微。但是本书却认为，在当前情况下，新闻媒体在生态功能区的治理中意义重大。新闻媒体是生态功能区治理相关政策的宣传者，相关信息、民间舆论的传播者，是生态功能区治理中的无冕之王。由于缺少畅通的利益表达和利益沟通渠道，社会公众缺乏话语权，无力影响政府决策。即使权益受到损害，也找不到合理的渠道反映，政府也不会主动回应生态功能区治理中的相关问题。而新闻媒体的独特作用，就在于他们拥有自由表达的权利，他们可以真实地报道和跟踪生态功能区治理中的问题，掌握着舆论资源，并且形成舆论压力，影响政府决策。新闻媒体的监督作用不可小视，甚至他们已经成为社会公众的代言人。

第八，生态治理的学者和科技工作者。学者和科技工作者是生态功能区治理的智囊集团和技术顾问，他们广泛分布于科研院所、相关企业、政府机关和非政府组织中。尽管生态功能区的治理并不能使他们直接获益，学者的理论素养和对于生态功能区治理的科学论断却会影响生态功能区治理决策的选择。有能力开展环评的专家本应保持独立的无偏倚的立场，现在却很难保持公正。出于自身利益的考虑，他们也希望环评报告能通过政府的审查。如果环评报告不如实地反映对公众的影响，在缺乏问责机制的情况下，环评专家在报告中弄虚作假就会威胁公众利益。但是，即使有一个事后负责制，也很难区别环评专家判断不准是出于恶意还是因为专业水平低造成的[①]。生态功能区治理的相关科技工作者会为生态功能区治理提供技术支持和保障，科技工作者的科研成果直接影响着生态功能区的治理效率，依赖先进发达的技术生态功能区治理就会事倍功半。比如在"十五"国家科技攻关计划项目《重大环境问题对策与关键支撑技术研究》系列丛书中，由欧阳志云等编著的《区域生态环境质量评价与生态功能区划》一书，对于生态功能区的科学治理具有很强的理论启示意义[②]。

第九，生态受益或生态受损区的公众或组织。由于生态系统服务功能具有空间转移效应，因此，良好的或持续恶化的生态功能区的治理结果，也会使区域外的组织或个人受益或受损，这些区域外的因素也是利益相关者。生态功能区受益或受损区的公众或组织，由于本身并不处于生态功能区的自然或行政区域范围内，对于生态功能区治理的关注和投入程度都比较低，就成为潜在的利益相关者。比如说，由于阿拉善生态功能区治理效果不佳，使其周边地区遭受沙尘影响。生态功能区外的群众和社会组织对于生态功能区治理效果有所感应，但不十分强烈，参与治理的热情也不高。与此相反，生态功能区治理的成功，也会使其享受到较好的生态系统服务功能。生态功能区治理中的溢出效应

---

① 李万新. 中国的环境监管与治理——理念、承诺、能力和赋权 [J]. 公共行政评论，2008 (5)：143.

② 欧阳志云，郑华，高吉喜，黄宝荣. 区域生态环境质量评价与生态功能区划[M]. 北京：中国环境科学出版社，2009：108.

十分明显，如东部地区在生态治理中受益，西部地区却要为此增加社会负担；下游地区受益，上游地区负担的权利义务不对等局面经常发生。

消费者主要是指对生态服务功能有需求并对其进行消费的群体。中国一些生态功能区，特别是重要的生态功能区，正在建设生态功能保护区，有些生态功能区具有多种生态服务功能和生态价值，吸引生态功能区外的人来旅游和消费生态服务功能。这部分群体由于只是生态功能区的过客，对于生态功能区存在即时消费的效应，对于生态功能区治理关注程度与生态功能区内的社会公众相比较，相差甚远。中国目前关于旅游门票收入也会为生态功能区治理和保护提供资金支持，这部分人也成为生态功能区治理潜在的利益相关者，当他们到生态功能区消费时就成为生态功能区治理的参与者。

第十，人类后代。生态功能区治理的目标是为了实现可持续发展，可持续发展理念告诫我们，当代人的发展不要牺牲后代人的利益。因此，人类后代与生态功能区的治理存在利益关联，当代人的成功治理必将为后代人创造良好的生存环境；反之，如果当代人对生态功能区治理不力，生态系统服务功能的衰退和丧失就会危及后代人的生存与发展，影响后代人对自然资源的享用。但是由于后代人还没有开始享受生态服务功能，或者后代人还没有参与到生态功能区治理行动中来，就使得他们的利益难以显现。

四、与其他治理模式的比较分析

构筑"政府主导—利益相关者参与治理"模式，有助于克服政府监管不力、人为破坏严重等现实问题。生态资源的保护关系到人类的共同利益，只有充分推动社会公众参与，使公众对生态资源保护的地位和治理意识由被动转变为自觉，才能从根本上克服生态环境政府管制型治理不力的弊端，减少生态资源的损耗。构筑"政府主导—利益相关者参与治理"模式，有助于企业社会责任的增强，促进市场机制的完善和治理作用的发挥。通过参与生态治理，使企业生态保护意识和社会责任意识增强，自觉遵守环境保护的政策法规，既减少政府与企业的利益纠结，也减少了权力寻租现象的发生。"政府主导—利益相关者参与治理"模式与其他治理模式相比较，也展现出一定的优势。

（一）与市场机制为主的治理模式比较

市场机制的治理模式主要依靠产权、交易、补偿等机制进行，高效、责任明确是其优点，但是难以克服的缺点在于外部性。由于生态功能区的公共物品特性，在治理中不可避免地会产生外部性。外部性就是指社会成员（包括组织和个人）从事经济活动时，其成本与后果不完全由该行为人承担，即行为举动与行为后果的不一致性。外部性可以分为外部经济与外部不经济两种，所谓外部经济就是：某人或某企业的经济活动会给社会上其他成员带来好处，但该人或者该企业却不能由此得到补偿。所谓外部不经济就是：某人或者某企业的经济活动会给社会上其他人带来损害，但该人或该企业却不必为这种损害进行补偿。外部性的存在导致私人边际收益与社会边际收益背离，出现资源配置无效。生态功能区与生态受益区的居民共享生态功能区的治理成果，享受生态功能区带来的生态功能时，不会减少其他人享有这种好处。生态功能区的治理，是为了维护生态服务功能，为人类提供持续的自然资源和良好的生存环境，这属于典型的外部经济现象。从生态功能区治理来看，生态功能区内居民因为治理而得到的生态补偿较少，这种外部性补偿不足或补偿缺位，造成当地居民与地方政府的利益冲突。由生态功能区固有的公共性导致治理中的外部性、搭便车等问题的出现，是造成生态功能区利益相关者利益冲突的重要根源。"政府主导—利益相关者参与治理"通过利益相关者的参与与利益协调和平衡，使利益相关者的治理行为积极主动，从根本上解决市场机制无法解决的搭便车行为。

（二）与政府管制型治理模式比较

在政府管制型治理模式下，其他社会主体在生态功能区的治理中处于被动和被支配地位，导致社会公众对生态公共利益的剥离感和疏远感。缺少社会公众的支持和投入，生态功能区的治理仅靠政府的投入和管理就孤掌难鸣。"公共权力的产生是人类社会由原始状态进入文明状态的必要条件，然而这毕竟是一部分人对另一部分人的控制，是以某种人身强制的存在为代价的。公共权力本质上是一种异化的社会力量，因为它产生于社会反过来又凌驾于社会之上，公众的权力变成了支配公众的权力。"[①] "政府主导—利益相关者参与治理"模式与政府管制型治理模式相比较而言，最大的优势就在于实现和保障了利益相关者的利益和参与地位，将边缘化的利益相关者的角色定位重新定位，实现了生态功能区居民的广泛参与。生态功能区的居民在生态功能区治理中，切身利益受到极大的影响，对于生态功能区的治理最为关注，但是由于缺乏参与和决

① 王惠岩. 政治学原理 [M]. 北京：高等教育出版社，1999：40.

策的权力，始终处于被动地位，对于生态功能区的治理冷漠，缺乏主动性。而"政府主导—利益相关者参与治理"模式，因充分关注这些实际上的核心利益相关者的利益诉求，调动其参与治理的积极性，真正发挥治理主体的作用。生态环境保护与治理中，保护相关利益主体权利，兼顾各方利益需求，是生态功能区治理的社会责任。但是利益相关者作为生态功能区治理主体，享受权利的同时应该主动承担社会责任和生态治理责任，提高其对社会的回应能力和社会绩效。在生态功能区治理中的多元利益冲突是影响和制约治理效果的重要因素，特别是核心利益相关者的利益要求长期得不到满足或是利益冲突不能化解，就会威胁到生态功能区的成功治理。新型治理模式意味着在统筹和协调利益相关者利益的基础上，充分调动他们的积极性，实现公共治理，最终实现生态功能区治理的整体利益最大化。

（三）与国外生态公共治理比较

公共治理的核心是多元合作，优点是增强和调动多元主体的自觉和自治，但是缺点在于权威多中心，责任模糊，行动效率会受到影响。"政府主导—利益相关者参与治理"模式在某种意义上对其进行了改进。首先，治理主体的多元是共性，不同的是公共治理的多中心模式强调治理主体地位的平等性和合作性，而"政府主导—利益相关者参与治理"模式保留政府的权威性，注重政府主导功能的发挥；其次，公共治理强调合作者关系的契约性，即多元主体自觉自愿依法行使权力、承担义务，依赖缔结一定的共同遵循的契约来实施治理；而"政府主导—利益相关者参与治理"机制并不是用契约绑定利益相关者，而是依靠利益相关者共同参与的决策机制和开放、透明的利益沟通和协调机制，将利益相关者的利益要求表达出来，关注多元主体的利益诉求，用利益将多元主体凝结起来，以利益满足利益平衡调动其参与治理；其三，公共治理模式在治理结构上强调政府的放权，多元主体分权治理，而利益相关者并不十分追求政府放权，关键是在政府和其他主体之间搭建利益沟通和利益协调机制，适当增加利益相关者在决策中的权重；其四，公共治理是基于民主化、市场化、法治化、多元化社会的治理模式，在运行过程中需要配套的社会环境，强调多元主体的自觉参与能力，在中国生态功能区治理中存在实施困境；利益相关者治理模式具有较强的行动优势，利益相关者广泛的参与和影响决策，只要是充分认识利益相关者的利益要求，分析利益冲突，因势利导地采取措施，就能够使利益相关者自觉自愿地参与治理，政府主导能够规避利益相关者能力不强的治理风险，从而实施有效的治理。据此，我们认为，"政府主导—利益相关者参与治理"模式，是中国当前加强生态环境治理，实现人类社会可持续发展的必然选择。

表 6-1 对几种治理模式作了简单的比较分析：

表 6-1　几种治理模式的比较分析

	政府管制模式	市场机制模式	公共治理模式	政府主导—利益相关者治理模式
治理主体	政府、政府部门	经济组织	政府、社会多元主体	政府、多元利益主体
治理目标	政府自利公共利益	经济利益	公共利益	多元利益主体的整体利益
政府作用	全能控制	减少干预	政府放权、减少干预	政府发挥主导作用
治理基础	强制性权威	竞争机制	信任、合作意识	利益共识
治理逻辑	命令控制	产权明晰、自愿	沟通、志愿性协调	利益协调、利益平衡

第七章　中国生态公共治理的运行机制

生态环境综合治理是一项复杂的系统工程，不仅要面对纷繁复杂的自然生态环境的挑战，还要克服传统的政府管制型治理模式的弊端，只有充分调动利益相关者的治理热情，才能推进中国生态环境治理的发展。借鉴欧美发达国家成功的经验，实现"政府主导—利益相关者的治理"模式的动态运行，须建立政府主导利益相关者参与的决策机制和监督管理机制，发挥政府在治理中的主导、主动作用，更要发挥公众在治理中的参与、监督作用。完善社会公众和环境保护评价组织在生态环境治理中的互动体系，调动多元利益主体在生态治理中的积极作用，形成利益协调和沟通机制，实现新模式的稳健运行。

第一节　利益相关者的利益诉求与影响力分析

利益相关者的利益诉求、利益预期各不相同，管理主体不可能让每一个利益相关者个体的利益都能得到最大限度的满足，利益相关者的利益矛盾十分严重。对于"政府主导—利益相关者参与治理"模式的运行而言，厘清利益相关者的利益诉求和分清利益相关者的影响力至关重要。

一、利益相关者利益诉求分析

中央政府站在可持续发展的整体战略高度，追求生态功能区生态系统服务功能的改善和维护，以生态利益和生态恢复作为最主要的利益诉求。

生态功能区内的地方政府，除了按照中央政府的指令，将生态环境改善和生态恢复作为利益诉求外，更直接的是将地方经济发展和社会稳定作为主要利益诉求。在现有的考评机制中，对地方政府的绩效考核坚持以经济发展指标为核心，这就使追求经济发展成为地方政府和官员的核心利益诉求。而生态治理角度的考核和评价机制不健全，地方政府就会将其放在经济利益诉求之后。希望通过生态功能区的治理带动本地经济的发展，增加就业机会，提高居民收入和生活质量；希望本地旅游企业能够诚信经营，尽量减少破坏环境的短期行为等。地方政府的目标侧重于政绩提高与官员提拔。相关行政部门关注生态功能区的生态功能恢复状况，同时这些行政部门存在一定的部门利益，在治理过程中以部门利益和追求政绩为主要的行为动因，而遇到问题追究责任时则会相互推诿。

生态功能区内的居民希望依托生态功能区的资源优势和资源禀赋获得经济收益是直接利益诉求，希望获得更多的就业机会，个人和家庭收入有所增加；二是对良好社会环境的诉求，希望生态功能区治理过程中，不会影响和干扰他们现在的生活和生产方式，希望当地的风俗传统受到尊重得以保留。与经济利益和社会利益相比较，生态环境利益需求是潜在的利益需求，他们希望生态功能区治理改变生态环境破坏的现状，提供和维持他们生存的良好的生态环境。

生态功能区内的相关产业的主要利益需求有：希望地方政府能够提供优惠的政策环境，允许他们从生态功能区中获取生态资源，消耗生态服务功能，从而获得他们期望的经济利益；也希望日常经营行为能够获得当地居民的广泛支持，打造良好和谐的经营环境。那些不符合生态功能区治理要求的相关产业，想方设法谋求在生态功能区内的生存空间就成为他们主要的利益诉求。

媒体对于生态功能区的治理并无直接的利益需求，新闻媒体可以从生态功能区治理行动中获得新闻素材，其作用在于通过对生态功能区治理状况的相关报道，吸引社会各界的关注，赢得社会公众的支持，从而获得相应的经济效益和社会效益。通过媒体宣传，能够放大或缩小生态功能区治理的影响力，能够很快地凝聚民意和吸引政府决策者的注意，具有很强的灵敏度和信息回应功能，在生态功能区治理中不可或缺。

学者和科技工作者对于生态功能区治理的关注利益需求不明显，但是有很强的责任意识和使命感，往往将生态功能区治理同自己的学术价值和技术价值等同，而他们的成果也将为生态功能区治理提供支持。他们的目的不是为了经济利益，更多的是获得学术认同。

环境评价组织致力于生态功能区治理中的行业评价和治理效果评价，以客观公正维护生态功能区环境为基本利益诉求；但是能够赢得社会认可寻求更高的评价资质和工作机会是环境评价组织的组织利益要求。生态环境保护组织则是由关爱环境的人群自发组织的，具有很强的生态利益诉求，他们关乎生态利益是出自内心对自然生态的热爱和敬畏，是非功利性的需求，他们愿意为生态功能区的治理无私付出。但是在中国，这部分组织的活动能力和活动空间还较小，因此，谋求社会认可和支持，获得更多的合法性就成了他们的目标。

各利益相关者的利益诉求详见表 7-1。

表 7-1 利益相关者主要利益诉求

利益相关者	主要利益诉求
中央政府	促进生态功能恢复与增强，取得良好的生态效益和社会效益
区域内地方政府	促进当地经济发展、扩大税收来源；提供就业、稳定社会秩序，促进生态环境的保护和生态功能恢复
相关行政部门	管理绩效的追求和部门利益的获取
区域内居民	提供就业、改善经济状况，提高生活质量；安全稳定的社区环境、传统文化和风俗习惯受到尊重；生活环境不被破坏
区域内相关产业	获得自身发展所需的原材料和资源、宽松优惠的政策环境；当地政府和社区的支持
媒体	吸引社会关注、获取社会支持、适当的经济利益
学者、科技工作者	生态利益保护与学术价值认同
生态环境保护组织环评组织	生态利益优先，取得合法性生存空间；客观公正的环境评价，获得政府和社会的认可和支持
生态功能受益区、消费者	生态功能区的生态功能维护与空间转移效应正常发挥；体验到良好的生态服务功能
人类后代	持续的良好的生态资源环境

二、利益相关者影响力分析

根据国内外学者对利益相关者理论的相关研究，结合米切尔的评分法，从生态功能区的利益相关者参与生态功能区治理行为的紧迫性、对生态功能区生存和发展的权利性以及利益要求的合法性三个维度将利益相关者分成核心利益相关者、蛰伏利益相关者、边缘利益相关者。这种划分是基于目前中国生态功能区治理的现实，特别是在政府主导型治理模式下，当前中国生态功能区的利益相关者影响力所做的分析。在生态功能区治理现实中，同时具备紧急性、权利性和合法性等三种属性的为核心利益相关者；具备两者为蛰伏利益相关者；只具备其一或是较低影响的为边缘利益相关者。伴随生态功能区治理的深入和各利益主体能力和地位变迁，在生态功能区治理中的影响和地位也会动态的变化，不同类型的生态功能区的利益相关主体可能会存在差别。本书主要是从参与治理的现实状况、是否能够影响决策、利益需求紧迫程度等角度来界定，寻求生态功能区治理中的共性元素，并且从中归结出政府主导型治理模式下对于利益相关者造成的影响和干扰。

通过对当前生态功能区治理中的利益相关者的识别，对于利益相关者在当前政府管制型治理模式中所处的实际位置及发挥作用的现实状况，笔者对于利益相关者的影响力作如下界定。

第一，生态治理中的核心利益相关者。所谓核心利益相关者，是指利益相关者与生态功能区关系密切，这类利益相关者的行为或决策能够直接影响生态功能区治理和维护的状况，而生态功能区治理的成效也能带给他们最直接的体验和收益。主要包括国家和中央政府、生态功能区内地方政府、政府行政主管部门。

第二，生态治理中的蛰伏利益相关者。蛰伏利益相关者是指对生态功能区的治理具有两个维度的影响的生态功能区内相关行业部门、居民和媒体等。这类利益相关者因其主要在生态功能区内开展生产和生活活动，因此他们的行为方式、生产方式会影响生态功能区治理，而生态功能区的治理效果又为他们提供生存和发展环境支持。但因为不掌握直接的决策权，但是他们的实际生产和生活状况在政府决策考虑范围内，因此属于蛰伏的利益相关者。

第三，生态治理中的边缘利益相关者。边缘利益相关者往往被动地受到生态功能区治理的影响，对于生态功能区的治理意识和治理能力相对薄弱。他们间接地感受生态功能区治理的效果，他们的行为对生态功能区实现治理目标影响不大，因而实现利益要求的紧迫性也不强，包括生态服务功能的消费者、生态功能区受益区的组织与公众、人类后代等。

通过上述分析，我们发现，对于生态功能区的居民及企业而言，生态功能区的治理对他们的生存与发展产生直接的影响，但由于政府主导治理模式的影响，他们缺乏参与治理的权力，因而，从核心利益相关者疏离成蛰伏利益相关者。在现实的治理中，核心利益相关者被边缘化的现象十分普遍；边缘利益相关者的利益基本上未被纳入治理范畴。边缘利益相关者意味着对于生态功能区治理的利益需求不显著，对于治理的影响力较小，但是对于生态功能区的持续和长期治理有一定的意义。生态功能区受益区居民的直接利益诉求，就是生态功能区良好的治理成效，保证他们能够持续地获得辐射性的生态服务，对于生态功能区治理意识不强。由于消费者对生态功能区的消费活动具有可选择性，因此，并不是十分关注生态功能区的治理问题，他们可以选择环境良好的地区获得服务。如果在生态功能区内消费，那么获得与其消费金额相等的或大于消费价值的生态服务功能的享受就是其直接的利益诉求。人类后代是生态功能区治理的潜在受益者，他们希望获得持续的生存和发展空间，丰富的资源储备和生态服务功能符合他们的利益要求。但是由于他们尚未能有效地参与到生态功能区的治理活动中来，缺少影响决策和反映利益要求的能力，就使得他们成为边缘利益相关者。对于人类后代来讲，持续的生态治理和适度的参与治理方式都成为他们的利益要求。在当今的决策过程中，能够被尊重和被考量就成为后人的利益期望。

第二节　利益相关者角色的重新定位

政府管制型治理模式，造成政府系统之外的利益相关者被边缘化的现实，以及政府作用的过度发挥等问题，如果在新型模式下予以改进，就必须对利益相关者的角色进行重新定位。

一、重新定位政府角色

（一）制度供给者

目前，政府在制定规划中掌握的权力和人力资源优势决定了中央政府和地方政府仍然是生态治理的政策供给者。政府要加强生态治理利益调节的政策机制建设，增强调节的政策依据和制度支持，从而使调节更有合法性。在政策制定的过程中，中央政府既要统筹生态利益与经济社会公共利益的整体和谐发展，又要顾及整体利益与地方利益的平衡发展，坚持生态优先的前提下制定政策。中央政府要注意吸收生态治理中的核心利益相关者，特别是生态功能区属地政府和地方群众的利益要求和治理建议，基于平衡利益矛盾和化解生态冲突的角度制定政策。地方政府和各级行政部门立足于中央政府的整体生态治理的政策依据，结合地方的实际情况制定符合地方发展和生态功能区治理的规划和地方政策。

（二）资金供给者

资金渠道不畅，资金短缺，保护经费难以保障，是生态环境治理和发展的最大障碍。应该坚定不移地保障政府在生态综合治理中的主要出资人地位。生态环境治理是一项系统长期的工程，需要大量的资金投入，资金投入周期长、收效慢，侧重于生态利益而非经济利益的特点，使得政府必须成为生态治理投资的最坚强的后盾。各级政府要将生态环境保护费用纳入财政支出计划。二是要探索建立生态治理的多元化投融资机制，应该综合运用经济、行政和法律手段，积极动员和培育多元投资主体，形成有利于生态环境保护建设的投融资、税收等优惠政策体系。发挥市场机制作用，拓宽融资渠道，充分吸引国际和国内投资主体，金融机构广泛投入生态功能区治理。三是政府还应该加强资金使用的监督管理工作。生态环境保护和建设的投入耗资巨大，由于缺少系统的资金管理和治理经验，大部分资金用在了"头痛医头、脚痛医脚"或"亡羊补牢"式的生态污染和环境治理上，资金的投入与产出效率较为低下，政府需要加强管理，调整资金流向，提高资金利用效率。

（三）利益冲突的协调者和仲裁者

调节社会冲突，维护社会公正，促进社会公平，是政府的重要使命。"政府是根据公共需要而产生的，其本身的合法性就在于它是被公众创造出来保护公共利益、调节社会纠纷的社会仲裁人。"① 在生态治理中，各种利益冲突十分激烈，政府及相关行政部门理应成为利益相关者利益冲突的协调者和仲裁者。由于中国生态环境治理的相关法律制度不健全、司法部门环境保护职能和意识滞后，生态治理中的纠纷解决还不能完全依靠法律和司法部门的介入，政府及相关行政主管部门需要扮演重要的协调者和仲裁者的角色。

二、社区居民的角色复归

在新型模式下，要实现社区居民向核心利益相关者角色的复归。《中华人民共和国环境保护法》第六条规定：一切单位和个人都有保护环境的义务，并有权对污染和破坏环境的单位和个人进行检举和控告。1992 年，联合国里约环境发展大会通过了《21 世纪议程》，明确地指出"公众的广泛参与和社会团

---

① 麻宝斌. 公共利益与政府职能［M］. 长春：吉林人民出版社，2003：42.

体的真正介入是实现可持续发展的重要条件之一"。最大限度地发挥公民的积极性、主动性和创造性则具有较为深刻的实际意义。当地群众是推动可持续发展的决定性力量，应该成为生态环境治理中的重要参与者。

（一）生态治理决策参与者

生态功能区内的当地群众与生态功能区有着千丝万缕的利益纠结和复杂联系。政府启动生态功能区治理，应当使当地群众投身生态功能区治理的热情逐步增长，使他们成为其中最为活跃、最为根本的参与者以及受益者。应该适时地将当地群众纳入到生态治理的决策体系中来，提高其参与决策的能力，增加其参与决策的机会，保障生态治理决策的科学性、民主性。

（二）生态治理监督者

加拿大在生态治理中充分发挥了社区居民的监督作用，取得了良好的成效。《中华人民共和国环境保护法》第六条规定，"一切单位和个人都有保护环境的义务，并有权对污染和破坏环境的单位和个人进行检举和控告。"作为生态环境污染和破坏的直接受害者，社会公众有权利和义务督促政府与企业等相关主体遵守环境法规，从而形成强有力的监督约束机制。公众可以通过环境决策、环境信访、环境诉讼、政治参与、社会舆论和市场消费等途径参与生态功能区治理监督，纠正政府失灵和市场失灵。

（三）生态治理投资者

伴随中国经济的迅速发展，民间资本成为影响中国经济社会发展的重要力量。在生态保护资金匮乏的情况下，适当吸引民间资本进入生态环境保护领域，鼓励民间资本向生态建设、生态环境保护产业投资，或发展循环经济相关产业，为生态环境良好治理提供资金支持和物质保障。

（四）面向生态文明的生产者、消费者

自然生态系统是人类赖以生存的基本环境，当地群众需要从自然环境中获取生活和生产所需的各种资源，但经常由于生产和生活行为导致环境污染与生态破坏，扮演了环境污染者与生态破坏者的角色。在生态文明社会里，应变革社会公众的生活习惯和生产方式，坚持绿色生产和绿色消费模式，促进生态环境的良好治理。从个人环境行为看，废物管理、垃圾分类、节约能源等更需要公众的积极响应。群众主动变革落后的生产和生活方式，自觉遵守国家的环境法律法规，按照生态文明社会理念规范自己行为，才能成为生态环境良善治理的生力军。

三、相关行业、企业角色转变

随着环保事业的发展和国家环境保护法律法规的健全和完善，企业应当适应生态文明与循环经济发展要求，主动选择有利于生态环境保护的生产和经营方式，在生产过程中实现清洁生产，发展绿色经济、循环经济，从而成为生态治理的自觉行动者。企业所创造的社会财富，为地方的经济发展和财富增长注入活力，间接地为生态环境保护与治理积累了大量资金。企业及其相关行业的发展，带动了地区居民的就业，缓解了政府与群众之间利益冲突和矛盾，缓解了当地居民对于生态资源环境的破坏性利用，有助于生态治理稳步推进，从而实现经济效益、社会效益与生态效益的和谐发展。

在新的治理机制下，将不符合生态功能区治理要求的企业或行业作为生态功能区治理中的被驱逐者和治理对象是一种必然选择；通过技术转型、产业转型等实现角色转变也是一种改进方法。在重要生态功能区的治理与保护中，严格限制高消耗、高污染的企业或行业投资生产，对于已经投产的要进行技术改进或产品转型，符合要求才能继续生产和经营。符合生态功能区利益要求的企业或行业，作为市场经济活动的主要参与主体，是生态功能区治理中的建设者。在实施污染预防方面，美国采用自愿性伙伴合作计划，即由政府和行业推出多种多样的自愿伙伴合作计划，给予企业和社会团体极大的选择空间。处于主体地位的企业可以根据自身条件和发展目标，自愿选择加入伙伴合作计划。企业与政府结成合作伙伴关系，超越了现行环境标准，改进了企业的环境行为，共同推进了环境保护和行业发展，这种模式已成为美国环境管理的一种新的模式。[①]

四、非政府组织的角色定位

（一）生态公共治理的倡导者

近年来，各种从事环保和生态治理工作的非营利性组织日益活跃在环境保

---

① 温东辉，陈吕军，张文心．美国新环境政策模式：自愿性伙伴合作计划［J］．环境保护，2003（7）：61～64.

护领域，发挥着越来越重要的作用，成为生态环境保护与治理的倡导者。应尽量发挥各种环保类的非营利性组织的治理作用，开展多样的生态环境保护行动。生态环境评价和保护的非营利性组织将生态环境保护作为其核心利益诉求，对生态环境危机的认识更加深刻，对于生态利益的维护更加纯粹和无私。这种属性使其对于生态治理持坚定的信念，比其他群体更加敏锐，更富于洞察力，他们往往率先发现生态环境治理中的问题，而采取各种方式呼吁和倡导政府和相关部门予以解决。

（二）生态公共治理的推动者

非营利性组织有志于将生态环境保护的个体凝结成整体，汇集众人的力量开展环境保护行动，使社会公众真正获取参与和监督生态环境治理的能力，改变公众被动治理、单独治理环境问题的局面。由于组织成员的社会地位、知识背景各不相同，相互之间可以实现知识互补、能力互补，而且便于联系各种不同利益相关者，通过双向沟通减少矛盾，增进理解与合作，从而减少治理成本。非营利性组织中不乏各个学科的专家、学者，与一般公众相比，他们具有较强的法律知识和专业知识，以及具广阔的资源空间和足够的参与能力，他们可以代表环境污染和生态遭受破坏的受害者开展维权行动，从而推动生态环境的有效保护和治理。

五、相关媒体的角色定位

当代社会是信息社会，信息作为人力资源、物力资源、财力资源以外的第四大资源，对社会经济发展发挥着越来越重要的作用。作为信息传播的媒介，媒体掌握和拥有丰富的信息资源，并且在信息传播和信息加工处理方面具有得天独厚的优势。在中国，媒体作为政府机关的宣传渠道、社会公众利益表达的渠道活跃于社会舞台。在生态环境保护与治理中，需要依靠媒体力量完善治理行为。

（一）生态治理理念的宣传者

生态环境保护与治理不能在封闭的状态下开展，它需要在全社会的充分知情和充分认同的基础上才能深入下去。而媒体的宣传，会播撒下希望的种子，会使生态治理的理念生根发芽。与西方发达国家不同，中国的环境保护和生态治理工作是从国家和政府层面直接发动的，利益集团和媒体舆论的压力影响较小，他们在生态治理中的作用也很薄弱。长期以来，中国政府在生态环境治理方面投入最大，扮演着生态治理的宣传者和倡导者的角色。政府也在努力探索和采取各种方式进行治理宣传，但是终因其浓厚的行政色彩和官方意蕴，使人们有一种被动接受的感觉，影响了宣传效果。加强生态环境保护与治理，必须广泛宣传、加强合作，而加强生态治理的宣传教育工作就十分必要和关键。媒体是生态保护宣传的最主要的力量，各地区、各有关部门和管理机构依托并调动媒体的积极性和得天独厚的专业优势，开展丰富多彩的宣传教育，必将使生态环境治理宣传灵活多样，使公众在潜移默化中接受生态保护与治理的理念。

（二）生态治理行动的监督者

加强宣传教育，让全社会充分认识到生态环境治理的重要性，只是媒体的一方面作用。媒体依赖其对于信息获取和传播的灵敏度，对生态环境治理现实状况的迅速报道，既有效监督了政府和相关行政部门的行政作为，又为社会公众的利益倾诉和利益表达，以及利益维护提供了渠道，因而，媒体应该成为生态环境治理的重要监督者。

六、潜在利益相关者的角色定位

社会学经常用"代沟"一词形容不同世代的人在生活方式、价值观念等方面存在的差异。而代沟也成为不同世代人们交往的障碍，成为管理过程中不可逾越的鸿沟。生态环境保护与治理以生态系统服务功能的恢复与维护、实现可持续发展为基本诉求，这就意味着我们今天的努力是为了后代能够享受到和我们一样的甚至是优于当代的生态环境。可是，在生态治理中，是否也存在治理代沟问题呢？作为当代的青少年来讲，他们是当代人治理成果的继承者，但却并没有参与到实际的治理中来，或者说他们还不是生态功能区的建设者，那么我们今天的努力是否会赢得他们的认同呢？这不仅涉及生态功能区治理的绩效评价，更涉及生态功能区治理的可持续性。因此，尽管我们将后代人作为生态治理的潜在利益相关者，但并不能忽略他们的影响和利益要求，而是要将他们视为生态功能区治理的后备力量和接班人，对其开展各种类型的生态治理知识普及和生态观念教育，并且要动员广大青少年参与到治理实践中来。美国在国家公园治理中，让青少年到国家公园从事义务劳动已经成为一种习惯。中国在这个方面还比较欠缺，应该积极动员青少年力量，甚至在决策过程中倾听和吸纳他们的意见，充分尊重他们的生态审美和生态需求。

生态受益区和消费者对于生态功能区治理效果的感受具有某种偶然性，因此，很难用刚性界定他们的治理义务。但是，应该承认的是，生态系统是广泛联系的，生态系统的资源和要素流动是不受空间限制的，生态受益区和相关的消费者也应该关注和重视生态功能区的治理。通过我国多年来一直推行的"开发者恢复、污染者治理、破坏者补偿""使用者付费"等制度，改变生态功能区治理中的搭便车行为，使生态受益区和消费者为生态功能区治理付出应该付的代价。在生态环境保护的研究与实践中常出现这样一个问题：生态保护区通常处在经济不发达地区（如江河的上游地区），而生态恢复活动更主要的受益者是经济较发达地区（如江河的中下游地区）。事实上，两个地区共同享受某一生态保护区的生态功能，那么应当由谁来承担生态恢复活动的补偿呢？是由生态保护区所在地承担，还是由较发达的受益地区承担，或者由受益的双方共同承担？从直观来看，根据"谁受益谁补偿"的说法，应当由受益的两地共同承担。发达地区帮助不发达地区的发展是责无旁贷的，但采用怎样的方式来实现这种"帮助"呢？发达地区与不发达地区形成某种形式的"发展共同体"[①]。

第三节　政府主导—利益相关者参与治理机制

一、政府主导—利益相关者参与的决策机制

（一）建立核心利益相关者多元参与的决策机制

对于决策的重要性，管理学大师西蒙早就给出"管理就是决策"的著名论断。决策是现代公共管理的核心环节，决策科学与否影响了整个管理过程的成败。如何实现公共治理的决策科学化与民主化一直是理论界关注的核心问题。在生态环境治理中，"政府主导—利益相关者参与治理"模式实施的关键在于是搭建一种利益相关者共同参与的决策机制。中国政府管制型治理模式下，决策机制体现为政府和相关行政部门拥有决策权，决策的制定与实施依靠政府权威，很少或基本没有与公民社会的互动与回应。西方国家在生态环境治理中，吸收利益相关者参与治理，在治理规划阶段，综合广泛利益相关者的利益要

---

① 钟茂初. 从可持续发展角度对生态功能区与发达地区关系的思考——生态保护区的发展，谁来担其责 [J]. 绿色经济，2005 (9)：45～46.

求，形成治理决策，取得了成功。中国在生态环境治理中，应该借鉴和吸取西方国家的先进经验，在治理决策中形成广大利益相关者共同参与的决策机制。

生态环境治理的决策机制是，在治理结构中，赋予核心利益相关者一定的决策权力，成立由核心利益相关者代表组成的决策委员会，负责收集各个利益群体的利益要求，并且在决策过程中充分表达，从而影响决策。在这一过程中，政府作为核心利益相关者，基本职能就是培育发扬民主、广泛参与的决策环境；属地公民的职责是充分行使民主权利，参与决策；政府相关部门要结合技术和科学手段，对于决策形成提供理性的决策方案。虽然决策中的民主仍然是代议制民主，但利益相关者充分参与的决策机制能够最大化地代表民意。这种决策机制，较之政府管制型治理模式下政府单向度的决策，增强了政府与利益相关者的互动与回应；与合作型公共治理模式相比较，由于增加了对于利益相关者自身利益的关照，利益相关者在博弈中会采取主动参与的态度，对于利益问题和利益冲突充分讨论，有利于决策的成功实施。

（二）建立专家学者决策咨询机制

系统、科学的治理离不开专家学者的深度参与，建议在生态环境治理中，组建专家学者的治理咨询机构。咨询机构由来自于不同学科的专家构成，既包括生态环境技术治理方面的专家，也包括生态环境公共治理方面的专家，多元专家为生态功能区治理提供智力支持。在决策中，广泛吸收专家学者咨询机构的建议，从而为治理决策的科学化奠定基础。在利益相关者治理能力不足的背景下，可以采用政府主导、利益相关者深度参与的决策方式。也就是说，在制定规划和重大决策前，形成专家参与、核心利益相关者参与的决策委员会，影响和监督决策。委员会的成员必须由利益相关者的不同群体成员代表构成，形成利益讨论、利益互动的决策机制。

二、政府主导—利益相关者参与的管理机制

（一）建立政府主导—利益相关者参与的执行机制

生态环境保护与治理需要利益相关者的广泛参与，执行机制的构建，意味着形成关于利益相关者参与治理的边界、方式、参与程度与利益实现程度相联系的一套制度安排。在传统政府管制型治理模式下，对于社会公众采取的管制型治理方式，造成社会公众对公共利益的疏离感，参与意识淡漠，社会公众在政府的发动下被动地参与，治理效果十分低下。"政府主导—利益相关者参与治理"模式，就是要充分分析利益相关者的利益诉求，结合利益需求尽可能地满足利益相关者整体的利益，调动利益相关者行动的积极性。扩大公众参与，倡导企业和公众采取环境保护的自觉行动具有重要意义。例如，1990 年以来，新加坡每年都展开"清洁绿化周"，鼓励个人对环境负责和推动环保团体、学校与公司参与环保活动。环境教育被列入了学校课程，并鼓励每所学校至少成立一个环保俱乐部，设法在大专学府培养环保大使，发挥民间力量。由于新加坡 2/3 的面积将成为集水区，几乎每个新加坡人最终将在集水区工作、生活或娱乐。因此，新加坡努力集合民间、商界、公共机构的力量以确保每个人各尽本分，极力节省用水，认识保持集水区和水道清洁的重要性。在新加坡，必须靠全体人民的努力才能确保每个人都持续享有清洁的水源。[①]

"政府主导—利益相关者参与治理"模式，就是要将潜在的、边缘的利益相关者纳入到执行机制中来，要让他们广泛参与生态保护与治理行动，增强他们对生态环境的热爱和审美体验，强化和培养他们保护生态环境的技能和观念，这对于实现可持续发展至关重要。应使功能区外的消费者和生态受益区的群众感受生态功能区的现状，增加他们的环境保护意识。尝试建立生态功能区参与治理的制度体系，明确规定利益相关者在生态功能区治理中义务和责任及其行动范围和任务安排。

（二）建立政府主导—利益相关者监督管理机制

生态环境保护与治理的监督机制是所有利益相关者对生态治理决策、实施状况、生态环境损坏程度实施监察与控制的制度设计。建立利益相关者广泛参与的监督管理机制，能效克服生态治理中存在的权力寻租、利益勾结等不良现象。由于存在利益关注，利益相关者的监督会更加负责，多元利益相关者的发动，使生态治理放置于公众监督之下，实现阳光和透明治理。本书认为，赋予利益相关者监督的权力，并且形成制度化、法律化的监督体系十分必要。建立和完善公众参与制度，利益相关者依法对生态功能区治理实现监督协调，涉及群众利益的规划、决策和项目，要充分听取群众意见，及时公布生态建设重点内容，扩大公民知情权、参与权和监督权。在政府管制型生态治理模式中，其他利益相关者的监督缺乏必要的保障，政府管制型治理模式形成的信息屏障和

---

① 张雅丽，黄建昌. 日本、新加坡生态环境政策对我国的启示 [J]. 兰州学刊，2008（2）：43.

资源匮乏，导致政府的失灵行为缺少监控，使生态环境的整体利益受到损害。缺少监督是中国生态治理效率低下的重要原因。

在生态功能区建立专门的、独立的利益相关者多元参与的执法和监督机构，可由相关领域专家、主要利益方代表、社会公众、媒体代表等共同组成，对生态功能区治理整个过程中相关利益者的行为进行监督与控制，确保各方利益的均衡与持续发展。该监督机构的职责主要在于：第一，监督属地政府机构和相关行政部门的管理行为，防止地方政府短期的政绩工程和追求自利而滥用职权、权力寻租，以及生态功能区治理中违规项目不予限制的行为发生；第二，监督生态功能区内相关行业企业的生产经营行为，防止这些经营主体为了追求经济利益而忽视生态功能区的生态利益和所有利益相关者的整体利益而采取违规和不符合生态功能区治理要求的开发行为；第三，监督属地群众的行为，属地群众的生产和生活直接作用于生态功能区，是最为经常和密切影响生态功能区的群众性行为，加强监督与管理具有十足的必要性。采取利益相关者举报、制止等行为防止属地居民对于生态功能区的破坏；第四，这种监督机制还在于对生态功能区的经营性行为进行监督，吸收利益相关者参与管理，对于生态服务功能消费者的行为进行监督，对于不良表现、污染和破坏生态功能区环境的行为定期进行跟踪与调查。

三、政府主导—利益相关者参与的协调机制

建立一种经常性的有关公共治理问题的协商对话机制是一个不容忽视的基础性工作，是政府与民众之间增强公共关怀、培育公共精神、营造合作氛围、创造和谐文化环境的重要途径。

（一）塑造健全畅通的利益表达协调机制

在政府管制型治理模式下，由于缺乏必要的利益表达机制，利益相关者的利益诉求得不到合理的倾诉，被抑制的利益诉求与政府治理形成冲突。"政府主导—利益相关者参与治理"模式就是要构建良好畅通的利益表达机制，形成专门性的生态环境治理的利益表达机构，或是委托某组织承担利益表达职能，让利益相关者的利益能够表达，并且通过信息渠道进入到决策机制，从而使治理决策更加符合利益相关者的利益诉求，减少冲突。例如：在"退耕还林（草）""天然林保护"等生态环境建设工程中，赋予农民这一规模最为庞大的利益群体利益表达的机会，提高他们治理的积极性，将有利于化解生态环境建

设中的部分难题。因此，可以结合当地的文化模式，在政府把握大前提的情况下，补偿方式、退耕规模、造林植草模式、树种选择、组织划分、林地承包方式、生态林与经济林比重、具体实施方案等方面对农民放权，由其参与选择。具体操作层面，可以依托社区、聚落等组织通过投票方式表决，依据多数票规则产生结果。与政府全权负责相比，农民更了解当地的土地质量、气候与物种的适宜性、聚落生态群落组成，其偏好、利益表达在一定程度上更符合当地文化、生态环境要求，从而达到农民获利、生态建设成效提高的双赢效果。[①]

建立健全的部门协调、地区间利益协调机制十分必要。生态环境治理涉及政府多个部门的利益，因此，协调政府各部门之间的立场和解决部门间的冲突非常重要。建立地方间横向协调管理机制，实现地方政府间横向信息互动和跨区域突发环境事件应急协作联动机制；跨区域地方政府合作机制发挥作用的关键，就是要探索建立较为统一的区域政府间合作政策体系，防止生态治理的错位、越位、缺位等现象发生。完善地方政府间生态合作治理的监督和约束机制，力求行政系统、生态系统和社会系统的利益一致性，行政系统应该关注生态系统和社会系统的变化与发展，形成合力，促使人类与自然的和谐共赢。

（二）积极探索完善的利益补偿机制

生态补偿机制是保证区域内各地区之间保持长效合作的利益机制，根据不同经济社会发展状况及生态效益的受益和受损情况，按资源和环境容量有偿使用的原则逐步建立生态补偿机制[②]，真正使"开发者恢复、破坏者补偿"落实到位，但这项基本原则在某些方面并没有得到全面落实。积极探索利益补偿的政策体系对于保障生态治理成效，推动公众参与生态治理实践十分必要。

---

① 郭佩霞，胡晓春. 公共选择视野中的生态环境建设与治理 [J]. 云南财贸学院学报，2005 (6)：112.
② 杨妍，孙涛. 跨区域环境治理与地方政府合作机制研究 [J]. 中国行政管理，2009 (1)：68.

第八章　中国生态公共治理的保障机制

本书立足于中国生态环境治理模式的基本状况、生态环境治理的现实状况，依据公共治理的理论基础，借鉴欧美发达国家生态功能区公共治理的成功经验，对于中国生态公共治理模式进行理论探索。笔者所进行的探讨是基于对生态良善治理的美好愿景所进行的努力与尝试，为了增强理论模型的影响效力，有必要对新模式可能面临的挑战和发展机遇进一步展望。本章结合大、小兴安岭水源涵养重要生态功能区的案例分析，具体探讨中国生态环境治理中的现实问题。

第一节　中国生态公共治理面临的挑战

21世纪的中国正绽放勃勃生机，中国的社会、政治、经济建设都取得了辉煌的成就，在世界政治经济舞台上发挥着越来越重要的作用。治理的理念活跃于中国的政府组织、公民社会、公司企业，多元合作型治理模式在中国的公共事务治理中崭露头角，而且在理论探讨中大受推崇。但是，不可否认的是，中国仍处于现代化的变革与转型的进程之中，转型期过渡性的特征在社会诸多领域有所显现；意味着中国生态环境公共治理的制约因素依然存在，新型治理模式还面临理论与实践的考验。

一、生态公共治理的限制因素依然存在

如果我们把新模式的演变从观念、制度和操作三个层面来考虑的话，公共事务治理方式变革在这三个层面都同时或先后发生了转变。概括起来，新治理模式的转变包括观念层次的市场化意识、结果与目标导向、公平与效率兼顾等理念的引入与更新，制度层次的多主体参与、网络化治理结构等的构建，以及

操作层次上治理手段和方式的不断创新。观念上的转变为新模式的发展引领方向，制度上的变革构建了新的激励结构，为新模式的运行提供了基础与平台，而真正付诸实践并实现为公众提供满意公共物品服务的任务，则需要最终落实到操作层面的政策工具等治理手段的变革与创新上来。①

具体表现在：从政治系统看，政治领域非理性权威的残留还存在，政府管制型治理模式仍占主流。中国目前还是政府管制型治理的社会，政府依然是社会公共事务治理中的重要主体，占据主导地位，影响和规约中国公共事物治理的方向。这也意味着政府与社会合作分权的机制尚未形成，因此，实现公共治理的合作机制并不具备。由于政府职能转变还不到位，许多应该让渡的权力没有让渡，该放手的领域还在干预，压抑了多元主体的参与热情，导致民间组织功能不健全。另外，党政不分、政企不分的传统依然保留，这就抑制了中国公民社会的发展，减缓中国公共治理的进程。从中国目前的形势来看，中国政府仍然是生态环境治理的合法主体，政府始终处于绝对主导地位，在实际上垄断生态治理的权力。政府管制型传统的影响短期内还不可能完全弱化，多元主体参与治理机制尚未形成，导致生态环境治理能力大打折扣，治理成本增加。

从市场系统看，完善的市场运作机制尚未建立起来，市场中的不合理竞争、暗箱操作等违规违法行为屡禁不止。生态环境的公共属性加剧了市场机制调节的困境，在生态治理中，难以准确地界定产权，使市场机制难以发挥作用。作为市场的主体，中国的经济组织人多是以追求经济利益为核心目标，企业的社会责任意识、生态环境保护意识还相对淡漠，就使得市场机制在中国生态保护与治理中尚未发挥有效的积极作用，也就使得公共治理的市场机制发挥存在着实施困境。

从社会背景来看，中国生态公共治理的社会基础还十分薄弱，公共治理多元主体合作治理的机制还不成熟。具体表现在：生态保护与公共治理的价值共识尚未形成，社会缺乏信任与合作治理的传统，社会自组织系统依附性强、参与治理能力匮乏，等等。尽管生态自觉模式和社会参与模式在发达国家生态治理中取得了巨大的成功，但是我们也应该看到，生态自觉行动模式需要一定的时间成本和历史积淀。这种模式的成功是在生态治理中的多元斗争和相互妥协中实现的，这需要很长的时间成本。生态环境公共治理的成功往往是建立在经济社会高度发达、社会的政治自由度比较高、公众参与意识和参与热情饱满的

---

① 任志宏，赵细康. 公共治理新模式与环境治理方式的创新［J］. 学术研究，2006（9）：95.

基础上的。从政治文化传统来看，在中国臣民型政治文化传统中，缺少公民社会自治的传统，公民参与意识薄弱，公民社会一直处于从属地位，并未形成一支真正独立力量参与社会管理，中国公民社会的自由、平等、合作等价值体系尚未建立。公民社会指的是与国家相对应的民间领域，它是由公民及公民自发形成的多种民间组织和社区组成。中国社会公众关于生态环境保护的公共精神还很匮乏。生态环境的公共属性与国人的公共精神匮乏形成对照，人们更多关注个人和家庭的私有利益，对于公共利益实现关注有限，更不愿意为实现公共利益付出个人的努力。生态系统服务功能的享用具有非排他性，这是公共资源的显著的特征。对于中国来说，强调公共利益与公共观念具有至关重要的意义是注重公共利益，倒不如说是建立在家族联系之上的家族利己主义。这种文化实际上造成了国人对公共事务的冷漠，或曰缺乏公共精神。[①] 因为传统中国文化的制约与束缚，中国社会公众对生态环境保护与治理态度冷漠。直到改革开放以来，我国对于生态环境治理有所重视，但是市场经济体制下对经济发展的高度推崇，对于摆脱贫困的急切渴望，使得生态公共利益再度被搁置。只有公共资源的使用者和管理者满怀对公共精神和公共利益的尊重，才能突破公共物品治理的困境，才能使公共物品治理焕发主动精神，实现良好的收益。

由于缺乏公共治理应有的合作与信任的传统，合作治理机制的形成距离我们还比较遥远。中国生态环境保护的民间组织独立性差，一方面，希望独立发展并制约政府；另一方面，又不得不在政府的支持和庇护下谋求生存和发展。实际上仍然是一种政府主导下的准政府组织，无法真正实现与政府之间的平等合作或博弈，更不用说参与平等的治理。此外，中国生态环境公共治理的沟通协调机制不健全。一方面，体现在关于生态环境保护与治理的相关信息沟通不畅。关于生态环境治理的重要信息也以政府适度公开为主，社会公众很难了解到及时、全面的信息，信息沟通不顺畅阻碍其参与治理。另一方面，生态环境治理的利益沟通协调机制非常不健全，政府主导型治理对于其他社会主体的利益关注不够，缺乏利益沟通和协调，以政府规制手段为主，压抑和忽视了相关利益，影响公共治理机制的形成。

二、新型治理模式理论上尚有不成熟之处

"政府主导—利益相关者参与治理"模式的探讨，还面临理论发展的挑战。

---

① 麻宝斌. 公共利益与政府职能 [M]. 长春：吉林人民出版社，2003：3.

作为一种发展中的理论，利益相关者理论有待于在现实应用中不断地修正和完善。目前，在中国生态治理中利益相关者理论研究不够深入，而实证研究明显不足。因此，难免造成利益相关者识别上的疏漏与不足，利益相关者的重要程度在情境变化时也会动态变化，也给新模式的运行增加了难度；二是利益相关者参与治理中的角色定位还应该进一步明确，特别是利益相关者的权责运行机制需要理论和实践更多的关注。

在实际运用中，利益相关者参与治理虽然能兼顾多方利益，使组织目标符合多数人的愿望，但是不能回避的是利益相关者之间的利益要求存在差异，这些差异有可能演变成利益冲突，进而增加治理成本；其次，利益相关者治理模式的绩效还难以测量。尽管利益相关者理论在理论和实践中还表现诸多的弊病，但是不可否认的是在中国生态功能区的公共治理中，引入利益相关者的分析模型，有助于缓解利益冲突，协调利益矛盾，增加公共治理的合力，必将为中国生态治理取得良好收益提供理论和实践的支持。

第二节　中国生态公共治理的保障机制探索

中国已进入全面建设生态文明社会的新阶段，在新的发展阶段，政府职能转变的重点是强化生态服务职能，以促进生态环境与经济社会全面协调发展。要实现生态治理由政府管制向多元利益相关者参与治理的转变，探索积极有效的保障机制势在必行。政府的转型和推动是关键因素，政府作为全社会公共利益的集中代表者和公共权力的天然垄断者，实际主导着生态环境治理进程。从某种意义上讲，不失时机地推进政府转型是生态治理成功的重要保障。建立健全利益相关者参与治理的法律制度体系、价值体系、绩效评价体系，发挥科技创新力量是生态公共治理实现的重要保障。

一、培育利益相关者参与治理的价值体系

观念和价值是先导，成功的治理离不开科学的观念变革和生态保护与治理的价值共识，建设利益相关者公共治理，适宜的精神环境是根本保障。每个利益相关者参与治理的动机、目标各不相同，在生态治理中各个利益群体的利益要求也有差异，如果缺少必要的价值整合，分散的各自为政的利益相关者的利

益诉求会使利益相关者冲突加剧。要解决生态治理主要利益相关者之间的利益冲突与矛盾，应该深化生态文明的可持续发展的价值理念。

公共治理的最高目标就在与公共利益的最大化，这就需要人们在观念上的深度认同，才可能实现行动上的步调一致，因此新的治理模式的有效运行离不开公益精神的支撑。由于中国缺少公共利益的传统，几千年的封建统治，公共利益被皇权吞没，导致民众对于公共利益的疏远；加上近代中国社会对与私利的抑制和对于公共利益的不恰当的张扬，抹杀人对私利的合理追求，导致公私利益观念的对立。过度的压制产生绝对的反叛，市场经济的发展与社会的转型，导致人们对于个人利益的迫切满足而不惜牺牲公共利益，这种短视的利益观是对公共利益观的背离和颠覆。生态治理错综复杂的利益冲突与矛盾产生的最根本原因是各利益相关者存在自利倾向，利益缺乏整合。自私自利的价值观念使行为选择从自身的短期利益最大化出发，缺少对他人利益和社会整体利益的长期关照，导致大量损害公共利益的行为滋生。实现利益相关者参与治理的局面，第一步就在于对利益相关者的公共利益观念进行塑造与培育。

在美国国家公园模式创建初期，富含了对于美国精神的追求。而基于对自然生态的审美体验和艺术向往与坚定的美国精神结合就成了强大的行动力。以至于在关于国家公园保护与经济开发激烈矛盾的情况下，依然有众多的群体和利益相关者执着地坚持。这正是强大的精神力量，国家公园的治理化为一种信仰支撑着社会群体大规模致力于生态环境的治理与保护。这较之于政府的行政强制和动员更有吸引力。美国国家公园治理成功的关键在于把国家公园的治理视为美国精神的展示，把公园良好生态环境的维护视为至高的价值追求。在坚持保护原则的同时，把保护与公众休闲娱乐和教育结合起来，将自然历史文化遗产保护和服务公众整合在一起。这种信念与行动的有机结合，使公民的生态治理升华为自觉行动，从根本上推动了公众对于生态治理的投入。

构建起支撑中国生态治理的价值体系，有助于为我国生态治理提供方向和信念支撑。在生态环境治理中，融入生态文明的社会精神和民族价值，逐渐地在生态保护过程中形成中华民族的生态美德和生态道义责任体系。用良好的生态美德来支撑我们的生态环境治理，为生态保护注入自觉的心灵动力，为广泛的社会参与奠定精神基础。在社会生活中，加大各种形式的生态文明理念宣传与教育，采用多种多样的激励措施，增进和放大生态责任意识。在当今世界政治经济体系中，中国跃然成为重要的因素吸引世界的关注，这种国家综合实力与国际地位的提升，应当成为凝聚民族精神和创造民族文明的动力。而生态危机是我们共同的责任，在生态治理和维护中的突出成就，有助于民族精神的渲染与提升。用生态文明的价值理念指引生态治理的实际行动，用生态责任和生态使命凝聚中国精神，为"政府主导—利益相关者参与治理"模式的实施奠定信念基础。

二、深入推进政府"四个维度"的转型

对于生态治理中的政府转型，应该从经济建设型、公共服务型和生态型、开放透明型四个维度加以探讨，力图全方位地为生态治理模式转变提供基础。

（一）加快建设公共服务型政府

现代公共管理应该以一种开放的思维模式，动员全社会的力量，建立一套以政府为中心的开放主体体系，以最大限度地谋取社会公共利益为目标，通过提供公共产品（服务），来满足社会民众不断增长的物质与精神需求，实现社会的稳定与公共利益的增进。[①] 和谐社会要求变管制型政府为服务型政府，政府不再是凌驾于社会之上的封闭的官僚机构，而是以公众服务为导向，积极回应公众需求的开放式、互动式的政府。[②] "公共行政官员的作用就是要使这些冲突和参数为公民所知晓，以便这些现实成为会话过程的一个组成部分。这样做不仅有利于实际的解决方案，而且还可以培育公民权和责任意识。"[③]

尽管政府在治理环境的公共事物中存在许多的困境，但作为"公共人"的特性注定了政府仍将是环境公共事物治理的主导者，政府努力提高公共服务能力，增强生态环境意识和处理生态环境公共危机事件的能力。公共管理时代，政府不再是公共服务的唯一供给者，政府公共服务的转移在于培育利益相关者的参与能力。政府要加强对生态环境治理的政策引导和资金扶持的力度，同时加强利益相关者参与治理的网络建设，推动行业协会、环境保护第三部门等民间组织的健康有序发展，使之成为承担政府下放的社会功能的有效载体，成为公共治理实现的肥沃土壤。政府要有意识地培育一些利益相关者，政府必须积极培育各种民间社团，建立和支持各种环境保护中介组织；政府要逐步剥离各

---

① 陈庆云．公共管理基本模式初探［J］．中国行政管理，2000（8）：32～33.
② 郑恒峰．我国政府公共服务供给机制创新研究——基于协同治理的视角［J］．辽宁行政学院学报，2009（11）：16.
③ ［美］珍妮特．V．登哈特，罗伯特．B．登哈特．丁煌译．新公共服务：服务，而不是掌舵［M］．北京：中国人民大学出版社，2004：115.

种社会组织的政治职能和行政职能；要落实各种社会组织的经营和管理自主权，确保生态功能区相关社会组织在法律范围内享有较为广阔的自主活动权限；建立政府与社会的良性互动体系，形成良性的沟通和互动的治理网络。

（二）深入发展经济建设型政府

人类社会的任何一次变革，无一不与生产力的发展、经济环境的变化紧密相连。在当前的形势下，要想在中国大地形成公共治理的氛围，需要必要的良好的物质环境依托，为此，还需要我们进一步完善市场机制，积极推进中国经济持续快速健康发展。加强经济建设型政府深入发展，为生态功能区治理提供物质保障。中国的市场机制很不完善，主要体现在市场独立主体资格经常受到干扰，市场要素不完备，信息失灵，经济发展不协调等。这样的市场机制并不能适应公共治理环境下政府、公民社会及企业有效资源配置的要求。"统治者以严厉的制裁相威胁，从资源所有者那里获取税收、劳动和其他资源，'明智的'统治者使用如此的资源提高国民整体福利水平。"① 中国的改革和社会主义实践证明，中国政府是负责任的政府，是将公民福利的增进作为执政目标的政府，因此，致力于良好经济环境的建设，继续完善市场机制，为治理模式提供良好的资源配置载体已成为当前中国政府的重要使命。

（三）推进阳光透明型政府建设

信息共享是协调机制的重要组成部分，良好的信息沟通是成功治理的保障。在生态治理过程中，信息对促进治理主体之间的信任关系具有举足轻重的作用。各级政府应该打破垄断信息的保守治理局面，向阳光透明政府转型，加强生态治理相关信息的公开工作，保障利益相关者对于治理信息的知情权。中央政府应该着力构建中央政府与地方政府、地方政府与地方政府、政府与企业、政府与私人部门等交流的制度平台，促使生态治理主体之间利益协调和信息共享。公众参与制度中一个核心权利就是知情权。在这方面，一个重要的行动是扩大信息的公开化，包括政府公开有关的环境信息和政策信息，即公布环境状况公报、公布重大环境决策、公布有关建设项目的信息和召开听证会等，企业公开有关排放污染物的信息，为公众参与提供最基本的条件。加强生态保护与治理的宣传力度，提高环境宣传的广度和深度，保护和扶持各类环境保护

---

① 麻宝斌. 治道变革：公共利益实现机制的根本转变 [J]. 吉林大学社会科学学报，2002（3）：75.

社会团体和群众组织，是实现利益相关者参与的社会基础。

（四）实现生态型政府转型

"生态型政府"就是指致力于追求实现人与自然和谐的政府，或者说是以保护与恢复自然生态平衡为根本目标与基本职能的政府。它既要实现政府对社会公共事务管理的生态化，又要实现政府对内部事务管理的生态化；既要追求政府发展行政的生态化，又要追求政府行政发展的生态化。更具体地说，"生态型政府"就是追求实现对一个政府的目标、法律、政策、职能、体制、机构、能力、文化等诸方面的生态化。[①] 推进政府向生态型政府转型，使政府与生态治理的理念统一，有助于政府发挥积极的治理作用。

三、完善利益相关者参与治理的法律政策体系

法律制度与现代公共治理紧密相关，在推进生态公共治理的保障机制探索中，关于生态治理的法律政策体系、科学的规划体系和治理效果的政策评价体系建设不可或缺。

（一）加强利益相关者参与治理的立法建设

推进利益相关者参与生态治理的相关法律法规的建设势在必行。参照发达国家治理的成功范例，完善的法律体系是保障多元主体参与治理的重要举措，也是治理成功的根本保障。在中国，关于生态治理的理论与实践都处于起步阶段，还缺乏系统有效的法律保障；已经建立起来的相关法律内容多为笼统的导向性的法律规定，缺乏具体详细的法律规定，在操作层面上还存在诸多法律的漏洞与空白。加强生态治理的法律体系建设是当务之急。必须增强对于生态系统功能破坏行为的法律补偿和法律责任追究的制度建设。生态环境系统所承载的生态服务功能对于人类的生存至关重要，生态系统服务功能一旦被破坏便很难修复，而修复所付出的代价也往往很高，需要的资金成本和时间成本都很高。目前已有的关于生态环境污染、生态资源破坏等行为的法律追究还仅限于对生态环境现状的法律补偿，缺少从生态系统服务功能损耗角度的长期的关注，在某种意义上减轻了对于生态破坏行为的法律量刑，从而助长了破坏分子的嚣张行为。基于此，对于生态系统服务功能产生严重影响的人为破坏性行为

[①]　黄爱宝．"生态型政府"初探［J］．南京社会科学，2006（1）：57．

需要绳之以法，关于生态功能区治理的相关法律条文亟须出台。"政府主导—利益相关者参与治理"模式，对于利益冲突的协调是基于法治理性。

（二）完善利益相关者参与治理的权责体系

明确政府和民间组织各自的权限范围，保证其在各自的领域拥有主导权。要加强政府与民间组织的权力划分的制度规范，即通过法律手段来协调政府与民间组织的关系，以法律的形式制定政府与民间组织的权限范围并使之受到法律的保护。明确的制度规范降低了非确定性的负面影响，使政府和民间组织都有了清楚的权责边界，使权力的行使和责任的承担都走上规范化、制度化的轨道，从而改善行政环境，为双方的合作提供稳定的制度环境。[①]

（三）完善生态治理的政策体系

公共政策被视为当代社会对于公共利益进行权威性分配的最主要工具，在社会利益平衡与分配过程中功不可没。建立完善的政策体系，加强公共政策体系的建设已经成为中国行政管理、公共管理领域的理论研究热点。生态治理涉及多元公共利益，离开了稳定健全的政策系统就谈不上治理的有效性，缺少了治理的政策依据，会使治理变成一盘散沙。完善生态治理的相关政策体系，让生态治理有依据，用政策形成长效治理的机制，依据政策规章推进生态治理才更符合现实需求。依据可持续发展原则，建立以生态环境保护为宗旨的长效管理制度。生态环境的保护与治理不是一朝一夕就能见效的，应该改变以往生态治理中运动型治理模式，通过政策体系的完善，形成生态治理长期有效的治理机制。不断地完善生态治理的财政政策和生态补偿政策体系，对减少利益相关者利益冲突至关重要。

四、探索利益相关者参与治理的效果评价体系

效能是对治理结果的评价与检验，无论采取何种生态治理模式，追求效能都是其治理模式选择和变革的依据。"政府主导—利益相关者参与治理"模式作为一种理论预设，是否切合中国的生态治理实际，能否在实践的层面予以实现，还有待于进一步检验。这里主要从生态治理效果和利益相关者满意度两个维度来评价新型治理模式的绩效。

---

① 李静，蒋丽蕊. 治理理论与我国地方政府治理模式初探［J］. 辽宁行政学院学院，2006（2）：12.

（一）绩效考评的生态向度

在中国政府的绩效考评中，坚持以经济发展作为重要依据，这种考评机制将政府自利与经济利益的追求有机结合，其后果就是导致了生态环境的破坏和生态治理中的政府失灵。因此，建立科学的以生态为本，体现对生态系统服务功能保护与关照的生态治理考评指标极为重要。坚持治理绩效评估的生态向度，就是指在政府治理绩效考评中，增加绿色 GDP 的考量。在这种意义上，用较为科学的生态治理绿色核算制度，设计出一套生态治理绩效评估指标体系，成为建立中国生态治理绩效评价的核心。政府生态治理绩效管理的重要意义要求必须落实和执行绿色政府绩效考核体系。在提拔任用干部的考核与考察中，上级主管部门应当将生态环境保护和管理的指标纳入干部考核，引导各级政府管理人员改变思想，树立重视环境保护与生态文明、重视人类长远利益与强调人与自然和谐发展的绿色政绩观。绿色 GDP 就是指从现行统计的 GDP 总量中扣除由于生态破坏、环境污染、资源耗竭、人口数量失控以及不适当的低水平的教育等等因素所导致的经济损失成本，从而得出真实的国民财富总量。制定一套能够修正地方官员决策的考核标准——官员环保考核标准。环保考核的内容应该包括公众环境质量评价、空气环境质量变化、饮用水质量变化、森林覆盖增长率、环保投资增长率、群众性环境诉求事件发生数量等指标；还应该包括当地政府对于中央各项环保法律法规的落实情况。

（二）利益相关者满意度评价体系的创建

在"政府主导—利益相关者参与治理"模型下，对于利益相关者利益冲突和利益矛盾的充分关注和解析，对于利益相关者的利益实现程度和满意程度的重视，是利益相关者公共治理模式有效运转的重要保障。从平衡利益角度，以利益为纽带吸引参与治理，在绩效评价中以利益相关者的满意度作为重要参数。一方面，有利于利益相关者利益的实现；另一方面，有利于对政府进行实质上的监督。关于利益相关者满意度的指标设计，可以从生态满意度、政府治理满意度、参与治理的深度和广度的满意度等方面来考虑。

五、增强生态治理的科学技术创新投入

生态环境的良善治理，离不开科学技术的支撑。工业文明时代，科技是双刃剑，在推动社会经济进步的同时，带来生态环境的严重破坏，甚至有人认为

科技是生态环境破坏的罪魁祸首；生态文明时代的来临，积极发挥科技在生态环境修复与改善中的积极效应，增加对相关科技研究的支持与投入，启动技术引擎，是实现生态良好治理的重要保证。为此，政府必须加大对生态环境保护的科技投入力度、科技引进和科技推广力度。政府应加大资金投入，充实科研经费，开展生态建设与管理的理论和应用技术研究，利用经济杠杆促使更多的人才向生态环境保护的研究中转移，引导科研机构积极开展生态修复技术、生态监测技术等应用技术的研究，推动这一科学领域的发展。揭示不同区域生态系统结构和生态服务功能作用机理及其演变规律，加强生态治理的科研支撑能力，是推进生态公共治理的重要保障。国家环境保护部所属事业单位中，大多数都是以环境监测、环境技术研发和生态治理经验交流等为重要职能的。他们是生态功能区划以及生态功能区的有效治理的先行者，对实现中国生态科学治理功劳卓著。加强生态环境保护法规、知识和技术培训，增加国际交流与培训机会，通过引进、吸收发达国家的先进经验与科学技术，提高生态环境管理人员和技术人员的专业知识和技术水平；结合我国特殊的地理情况，积极实践、创新，促进生态管理生态建设知识领域更具有中国化、本土化繁荣。加大生态科学技术的推广力度，政府一方面要采取优先政策，鼓励生态技术应用，积极促使成熟的生态科技转化为先进的绿色生产力。

第三节　大、小兴安岭生态功能区治理案例分析

为了增强生态治理模式的实践效应，本节尝试结合大、小兴安岭生态功能区的治理现实对理论模型的应用前景进行展望。之所以选取大、小兴安岭生态功能区为例，主要有以下几个方面的原因：大、小兴安岭生态功能区系中国水源涵养的重要功能区，对中国经济社会发展具有极为特殊的意义。2004 年,黑龙江省政府提出建设大、小兴安岭生态功能区的构想，开始了积极的实践探索。由于受行政体制、治理机制、开发与保护利益矛盾的多重制约，治理效果还有待于提高；分析梳理大、小兴安岭生态功能区治理现实，不难发现治理历程体现典型的政府管制型治理模式，治理中的现实问题凸显出政府主导型治理的弊病，符合本书提出的生态治理的共性问题；最后，大、小兴安岭生态功能区治理现实中利益相关者之间利益纠结严重，采取"政府主导—利益相关者参

与治理"的理论模式有助于解决其现实矛盾。基于上述原因，结合大、小兴安岭生态功能区的治理，对于新模式进行理论上的预设与展望具有典型意义。

一、大、小兴安岭生态功能区的基本状况

（一）大、小兴安岭生态功能区的区域概况

大、小兴安岭水源涵养重要区位于黑龙江省北部和内蒙古自治区东北部，是嫩江、额尔古纳河、绰尔河、阿伦河、诺敏河、甘河、得尔布河等诸多河流的源头，是重要的水源涵养区。行政区划涉及黑龙江省的大兴安岭、黑河、伊春，内蒙古自治区呼伦贝尔、兴安盟，面积为151579平方公里。

大、小兴安岭生态功能区建设的构想是由黑龙江省政府首先发起，对大、小兴安岭生态功能区的研究多立足于黑龙江省。限于理论与治理的现实状况，本书主要结合黑龙江省对于大、小兴安岭生态功能区治理的情况进行探讨。对大、小兴安岭生态功能区的区域界定是以黑龙江省建设大、小兴安岭生态功能区建设规划为依据，大、小兴安岭生态功能区包括大兴安岭地区、黑河市和伊春市行政辖区及通河县、巴彦县、绥棱县、汤原县、萝北县的山区部分（含区域内林区、垦区），区域总面积约19万平方公里，总人口为370余万人。

（二）大、小兴安岭生态功能区的自然资源概况

大、小兴安岭生态功能区蕴含丰富的自然资源，具有极高的生态价值。大、小兴安岭生态功能区是中国生态功能区中生态服务价值最高的地区，蕴含丰富的自然资源，具有涵养水源、保持水土、调蓄洪水、维持生物多样性等生态功能。大、小兴安岭地区也是全球生态系统的重要组成部分，是黑龙江省嫩江、松花江、黑龙江等水系及其主要支流的重要源头和水源涵养区，也是松嫩平原、三江平原和呼伦贝尔草原的重要生态屏障，对维持东北、华北区域生态协调、保障生态安全具有极其重要的作用。大、小兴安岭生态功能区在保障中国生态环境安全，提供持续稳定生态服务功能方面具有重要的意义。

大、小兴安岭生态功能区是中国历史上形成最早的森林区域，也是独存的地处寒温带的生态功能区，是中国21世纪发展的木材供应、淡水资源与矿产资源基地，是中国极为重要的碳储库和碳纳库，是中国的地处边界的生态功能区之一（白树清，2009）。[①] 这一区域不仅是我国寒温带针叶林、温带针阔混交

---

① 白树清. 关于大、小兴安岭生态功能区建设必须解决的主要问题［J］. 环境科学与管理，2009（10）：149.

林植被类型的重要分布区，也是我国重要的商品粮和畜牧业生产基地的天然屏障。该地区的森林系统不仅具有重要的涵养水源、保持水土、调蓄洪水、维持生物多样性等生态功能，同时也是我国极为重要的碳储库和碳纳库。大、小兴安岭作为中国最大的国有林区，蕴藏着丰富的生态资源和野生动植物资源。据统计和测算，目前这一地区经济增加值仅300多亿元，不到全省的6%，但由它所提供的生态服务价值则高达数千亿元，是直接经济价值的几十倍。其生态战略地位极其重要，不可替代。抓好大、小兴安岭生态功能区建设，对于保障区域生态平衡，维护国土安全，树立我国的国际形象具有重大意义。①

二、大、小兴安岭生态功能区治理现状

加强大、小兴安岭生态治理，对优化产业布局，发展生态经济、循环经济，促进资源、环境与经济社会的协调发展具有重要的战略意义。搞好大、小兴安岭生态功能区治理，对于维护国家生态安全，建设生态文明，建设社会主义新林区具有重要的现实意义。作为全国最大的林区，大、小兴安岭曾为国家建设作出过重要的贡献，也付出了沉重的代价。在国家和地方政府的高度重视下，特别是国家天然林保护工程实施以后，大、小兴安岭的发展实现了历史性的转变。目前，大、小兴安岭生态功能区治理正面临着千载难逢的历史机遇，生态功能区治理得到加强，经济社会发展同步进入协调可持续发展的轨道。在各有关地市政府的积极努力下，生态功能区的建设取得了一定的成效。

(一) 大、小兴安岭生态功能区的治理规划

黑龙江省在2004年"十一五"规划中明确提出，将大、小兴安岭生态功能区作为推进全省结构调整的"四大经济板块"之一加快建设；2007年4月，组织完成了《大、小兴安岭生态功能区建设规划》。《规划》将大、小兴安岭森林生态功能区确定为国家级限制开发区，包括伊春市市辖区、铁力市、北安市、逊克县、通河县、庆安县、绥棱县、呼玛县、塔河县和漠河县。大、小兴安岭森林生态功能区属水源涵养类型生态功能区，其发展方向是要推进天然林保护和围栏封育，治理土壤侵蚀，维护与重建湿地、森林、草原等生态系统。严格地保护具有水源涵养功能的自然植被，限制或禁止过度放牧、无序采矿、

---

① 许兆君. 加快大、小兴安岭生态功能区建设　为维护国土安全提供生态战略保障 [N]. 中国县域经济报，2009-3-12 (005).

毁林开荒、开垦草地等行为。在大江大河源头和上游地区加大植树造林力度。减少面源污染。拓宽农民增收渠道，解决农民长远生计，巩固退耕还林成果。[①]

　　2008 年 8 月，出台了《黑龙江省人民政府关于加快大、小兴安岭生态功能区建设的意见》，将其列入"八大经济区"发展战略、实施"十大工程"战略构想的重要组成部分，这一举措得到了国家相关部门的支持。2008 年 10 月，黑龙江省政府向国务院呈报了"关于启动大、小兴安岭生态功能区建设有关问题的请示"。2009 年 7 月，高层生态论坛在大兴安岭隆重召开，进一步引起中央政府及领导人对于大、小兴安岭生态功能区的关注。国家发改委主任张平专程对大、小兴安岭生态功能区进行调研，并于 2009 年 8 月 4 日组织召开了由 12 个部委参加的协调会，形成了对"大、小兴安岭林区生态保护与经济转型"上升到国家层面进行研究的意见。2009 年 9 月，由国家发展与改革委员会牵头的 10 个部委组成了大、小兴安岭林区生态保护与经济转型规划编制工作调研小组，调研小组分赴内蒙古和黑龙江等地广泛调研，并于 2009 年 10 月 14 日下发了规划编制大纲。规划分为两个阶段，近期规划到 2015 年，远期规划到 2020 年。《大、小兴安岭生态保护与经济转型规划》编制完成，已经获得批准。

　　（二）大、小兴安岭生态功能区治理的重要举措

　　按照国家主体功能区建设规划要求，结合大、小兴安岭生态功能区主体功能定位和当地的实际，以"保护优先、适度开发，分区施策、严格管制，因地制宜、点状发展，区域合作、整体联动，政府主导、全民参与"为原则，明确了修复和提升生态功能、培育和发展生态主导型经济、科学适度有序地开发林木矿产资源三个建设重点。

　　积极推进产业转型。大兴安岭地区经历了"因林而生、因林而兴、因林而衰"的发展过程，林业是社会传统产业，而依靠伐木业为生是本地区居民最主要的经济活动。新中国成立以来，大、小兴安岭经过 60 年的高强度开发，可采成过熟林蓄积量由开发初期的 7.8 亿立方米下降到 2007 年的 6600 万立方米，整体生态功能退化严重。规划中最引人注目的内容就是尽快停止在大、小兴安岭主伐。所谓主伐是指对成熟林或部分成熟林进行采伐，以获取木材、更新森林，主伐的方式分为皆伐、择伐和渐伐等三类。这一规划分为两个阶段，

---

　　① 大、小兴安岭生态功能区建设的有关情况［EB/OL］．http：//www.ichtf.com/，2008-8-19.

共 11 年时间,近期为 2010—2015 年,远期为 2016—2020 年。规划实施后,大、小兴安岭生态功能区将全面停止主伐生产,同时加强造林和中幼龄林的抚育,加强湿地和草原的恢复和保护,并逐步理顺林业管理体制。

"十一五"以来,大兴安岭地区确立了实施生态战略,发展特色经济,构建和谐兴安,建设社会主义新林区,着力推进生态建设和产业结构调整,开辟了一条"在保护中发展,在发展中保护"的林区特色发展之路。为了使大兴安岭绿色产业的发展同资源生态优势相适应,大兴安岭地委、行署及林业集团公司确定了发展绿色食品产业的战略方针,特别是把绿色食品开发作为产业、产品结构调整的重要内容,成立了绿色食品开发领导小组和绿色食品办公室,把绿色食品基地建设纳入了专业化管理轨道,制定了发展目标和推进措施。同时开始在岭南和加林局施业区内建立全省乃至于全国最大的 AA 级绿色食品生产基地,并作为生态保护区加以保护。

(三)大、小兴安岭生态功能区治理取得的成就

实施"天保工程"以来,森林资源得以休养生息。大兴安岭累计调减木材产量 1636.6 万立方米,减少森林资源消耗 2782.2 万立方米,林地面积增加 7.3 万公顷,森林覆盖率达到了 79%,黑河市和伊春市森林覆盖率也分别达到 47.3% 和 83.8%。自然保护区建设力度加大。现建有各类自然保护区 49 处,其中国家级自然保护区 7 处,省级自然保护区 21 处,占全省自然保护区总数的 27%,总面积 246 万公顷,占全省自然保护区总面积的 45%。自然保护区管理体系和管制制度逐步完善,管理管护能力明显提高。水土流失治理初见成效。区域内水土流失得到初步控制,水土保持生态功能得以恢复和发挥,自然灾害减少。截至目前,完成退耕还林、还草、还湿地 35 万公顷,治理水土流失面积 88 万公顷,水土流失治理率达到 45% 以上。污染防治力度不断加大。区域内水环境和空气质量总体良好,主要工业污染物排放总量得到有效控制,工业废水排放达标率达到 90% 以上,工业废气处理率达到 90% 以上。人居环境逐步改善。通过开展小城镇改造,污染治理,道路、供水、集中供热等基础设施建设等综合治理,使城乡人居环境显著改善,城镇整体功能不断完善,生态产业建设得到较快发展。

(四)大、小兴安岭生态功能区治理中存在的问题

大、小兴安岭生态功能区在行政区划上跨省域、市域,各行政区发展不平

衡，在生态功能区治理中的手段和策略也各不相同。在不同治理主体分割式治理下，生态系统整体性功能维护陷入泥沼。

大、小兴安岭生态功能区整体生态功能退化趋势依然严重。原始森林数量急剧减少、森林质量明显下降；过度的放牧使草地总量大幅减少、水土流失严重、自然灾害频发。经过近 60 年高强度开发，大、小兴安岭整体生态功能退化严重，生态环境面临着严峻挑战，生态系统服务功能十分脆弱。森林质量明显下降，大、小兴安岭可采成过熟林蓄积量由开发初期的 7.8 亿立方米下降到 2007 年的 6600 万立方米，森林涵养水源、净化空气、保持水土等生态功能严重下降。草地总量大幅度减少，区域内草地面积由 1983 年普查的 296 万公顷减少至 2007 年的 116 万公顷，减少约 60%。湿地面积急剧萎缩，天然湿地面积由 1983 年普查的 284 万公顷减少至 2007 年的 139 万公顷，减少约 50%。土壤侵蚀加剧，水土流失严重，径流时间缩短，2007 年全区水土流失面积达 193 万公顷，局部土壤沙化面积加大，区域内温度升高，旱涝、火灾等自然灾害频繁发生，土地生产能力明显降低。从总体上看，大、小兴安岭生态功能区的生态处于相对脆弱状态，生态环境面临的形势相当严峻。[①]

政府管制型治理模式导致政府大包大揽，政企不分现象蔓延，影响治理效果。自从大、小兴安岭投入开发建设以来，政企合一体制一直延续至今，现在已经演化成为抑制区域经济社会发展的障碍因素。政企不分导致财政资金与企业资金严重混淆，企业的生产经营资金通过行政命令予以划拨，而应该由财政资金提供的政府部门、学校、医院、公安、养路等公益性、服务性机构及其工作人员的安置和福利支出，却由林业企业负责，大大增加了企业负担，削弱了企业的竞争力，也迫使企业把资金缺口放在大量消耗资源上。尽管曾经进行了一些体制方面的改革，将林业企业的部分职能剥离给地方，但天保工程的实施中，大部分无法安排就业的原林业企业职工，因缺乏社会竞争力而无法就业，只能退回给林业企业。"以伊春市为例，市属的 17 个区、局有 13 个是政企合一模式，在政府经费和社会性支出中，2/3 都由林业企业负担。"同时产生的问题是，因木材产量大幅度下调，林区经济逐步陷入危困境地，加之国有林业体制政事企不分，各项改革推进艰难，林业职工的住房条件、收入水平、医疗文教等均远低于城镇居民平均水平，被称为计划经济的"活化石"[②]。

---

① 黑龙江省人民政府关于加快大、小兴安岭生态功能区建设的意见.
② 大、小兴安岭生态保护与经济转型上升到国家战略层面［EB/OL］. http://finance. QQ. com，2009-11-23.

政企不分使不同的价值取向难以兼容，使政府追求的公共利益、社会利益目标悬空。"政企合一的实质是由企业管理使用国家森林资源，当生态效益与经济效益发生冲突时，企业往往会坚持利润最大化的原则而忽视生态效益，这也使得政府追求社会效益的目标无法实现。[①]"政企不分使国家对森林资源的监管流于形式，政府与企业之间的职能角色混淆，分工不明，企业与政府利益不分，致使国家对生态资源的监管无力。大、小兴安岭生态功能区建设中政企不分的管理体制，严重影响了政府职能的转变和企业主体的独立运作。

市场机制与政府决策之间的冲突也十分明显。如从 1998 年起，清河林业局在全省首创森林资源管护承包责任制。以林下资源为基础，使 98.5% 的林业职工户有了自营项目，户均收入已超过 2 万元以上。承包责任制实施以来，大森林没有发生过火灾，没有发生过病虫害，也没发生过滥采盗伐；造林成活率达 95.8%，森林抚育面积增长 22.7%，人工造林保存面积增长 18.9%，森林资源消耗减少 40%，林木蓄积增加 20%，而木材产量则由 2000 年的 16 万立方米，调减到去年的 10 万立方米，2010 年调减到 6 万立方米。但在大保工程实施过程中，天保工程地区的集体林权制度改革不能有效实施。天保工程实施后，很少或没有考虑当地农民的权利和要求，一律禁止采伐利用木材，对当地居民的财产权构成事实上的限制。实施天保工程以后，林地、森林的权属虽然不变，但这些对当地农民没有任何实际意义。这里的权属实际上指的是所有权，即山林划归天保工程后，其所有权仍属于村集体所有。在生态功能区治理中，林权制度改革取得了阶段性成果，但天保工程的实施，又令其面临新的挑战。

三、大、小兴安岭生态功能区公共治理模式探索

大、小兴安岭生态功能区治理依然面临制约林区经济社会发展的严峻问题，尤其是多元利益相关者在生态功能区治理中的利益冲突逐渐暴露并亟待解决。

（一）利益相关者的识别与冲突分析

大、小兴安岭生态功能区治理中的利益相关者界定：

中央政府。中央政府制定和出台生态功能区治理的总体规划和相关政策，并且在财政资金投入上予以重点支持，是生态功能区治理的核心推动者。大、

---

① 大、小兴安岭规划近期上报 重在理顺管理体制 [N]．第一财经日报，2009-11-18.

小兴安岭生态功能区的具体治理行动需要依靠功能区所属地区的地方政府，这就使中央政府和地方政府之间出现了某种意义上的利益冲突和利益博弈。这种博弈首先表现在生态建设投入的博弈。在生态功能区治理中，地方政府总是以保护生态影响了地方经济发展为由，试图从中央财政获得更多的财政资金支持。中央政府在这方面所要承担的财政支出相当大，具体表现在：中央财政通过提高转移支付系数等方式，加大对国家级限制开发区域的一般性转移支付力度；在天然林保护工程到期后，设置更为综合的"生态环境修复"转移支付，一些地方政府官员还建议把 2010 年到期的天保工程至少延长到 2030 年，增拨林木管护的专项经费，把在大、小兴安岭生态功能区的综合补贴标准再提高30％，争取更多地用于生态修复和环境保护的政府投资。地方政府则总是谋求限制开发区域内国家支持的建设项目，适当提高中央政府补助或贴息的比例。

地方政府。大、小兴安岭生态功能区在行政区划中隶属内蒙古和黑龙江两个省级行政单元和多个地、市、县、乡级行政单元的管辖。复杂交错的治理体制和区域划分，使地方政府在生态功能区治理中的利益冲突十分尖锐。

即使黑龙江省内的相关地方政府，在大、小兴安岭治理中的利益诉求也各不相同，冲突和博弈依然存在。同属一个生态功能区，所拥有的资源禀赋和生态系统服务功能有很强的相近性，因此，在生态功能区治理中的产业发展和定位必然会存在竞争关系。如黑河市作为大、小兴安岭生态屏障的重要组成部分，对黑龙江省乃至全国的生态安全发挥着重要作用。黑河市已经明确将要大力发展特色产业和生态产业，以生态农业、生态旅游、特色种植养殖、绿色食品加工、北药开发、清洁能源工业、林木精深加工和矿产资源开发等为主的接续和替代产业来实现发展的总体方针。但是在生态旅游、药品开发和绿色食品等产业发展中，黑河市与伊春市之间的竞争态势明显。作为共和国森林工业的摇篮，为了实现以林业产业为主向生态产业发展的转变，林都伊春鲜明地确立了"生态立市""产业兴市"的战略，将发展绿色食品作为支柱产业和富民途径。

社区群众。地方政府与社区群众最主要的利益冲突体现在社区群众对于政府不能满足就业以及改变传统生产和生活方式的不适应，还有相关的就业培训和利益补偿不到位等方面。以天然林保护工程的实施为例，由于停止商业性采伐，使大量的以伐木业为生以及在相关企业工作的群众面临失业危机，而政府却不能及时地促成相关产业的建设以转移析出的劳动力就成为政府和群众最突出的利益冲突。按照"大、小兴安岭生态功能区建设"的工程规划，将有 10 万人为生态功能的恢复而改变居住地，其中包括约 2 万名村民和 8 万名林业职工及其家属。该规划选取了大、小兴安岭地区共 59 个乡镇作为重点目标，进行"小城镇建设"。生态脆弱地区和自然保护区范围内的零星居住村民约 2.2 万人将被转移到"小城镇"生活。此外，对现有林场和经营场所也将进行整合撤并，转移安置林业职工及家属约 8 万人。习惯了"靠山吃山"生活方式的群众，生存技能较低，对于其他行业又难以适应，致使群众对政府产生不满；在生态功能区治理过程中，改变人们的生产方式也许不难，但是要想从根本上改变人们的生活方式和传统习惯绝非易事。为保护森林资源、优化生态环境，从 2006 年年底开始，黑龙江大兴安岭林区开始实施"以煤代木"工程。生活方式的改变也使得社区群众对政府的诉求增加，政府必然为这种改变付出代价。政府多方筹措资金 1.6 亿元，对居民实行分级、分类补贴，建立标准规范的煤炭、引火柴、液化气供应站（点）213个，研制煤转气炉、型柴等节能环保炉具及多种代木产品。至 2008 年 9 月，全区 14 万户居民全部实现了"以煤代木"。①

林业企业。对于以林业为主导产业的大、小兴安岭生态功能区，受生态功能区治理影响最大的是林业相关产业。按照国家和黑龙江省生态功能区治理规划的要求，2010 年将停止商业性采伐，这就造成林业产业与国家政策和地方政府治理之间的冲突。但是，如果不坚决贯彻保护优先的方针立即停止商业性采伐，木材资源特别是珍贵树种的木材资源将面临枯竭。因此，政府要为停止商业性采伐创造必要的经济和社会环境，减轻林业企业的负担，统筹解决国有林区长期拖欠职工工资和富余职工安置等问题，补足大、小兴安岭的森林管护费缺口和减少的育林基金，这是林业企业与政府之间利益平衡和利益协调的关键因素。

生态功能区治理中的相关行政部门。生态功能区承载了多种生态服务功能，对于生态功能区的治理集结了诸多相关的政府行政部门。环境保护部门主要是从生态环境保护的角度，立足生态利益的追求，对大、小兴安岭生态功能区建设进行严密的环境监控，如黑龙江省环境保护监察大队就负此专项职能；黑龙江省国土资源厅负责将大、小兴安岭生态功能区建设的战略部署具体落实，规划和统筹土地资源管理状况；国家林业局对于大、小兴安岭生态功能区的林业发展和林业经济建设等相关问题统筹规划，由森工总局和地方林业局具

① 中国大、小兴安岭林区"炉口夺木"保护森林资源 [DB/OL]．新华网，2009-12-5.

体实施；黑龙江省水利部门、矿业部门就大、小兴安岭生态功能区的水源涵养、矿业开采等实施监管。同一区域，涉及诸多的部门利益，利益之间的冲突在所难免。大、小兴安岭林业经济发展除了接受国家林业局的统一管辖和指导外，大兴安岭林业集团公司、松岭林业局、新林林业局、塔河林业局、呼中林业局、阿木尔林业局、黑龙江省所属大兴安岭行政公署营林局系统、呼玛县林业局、塔河县营林局、漠河县营林局等多个林业局实施具体管理。

媒体。媒体出于社会责任和自身利益的需求，除了关注生态功能区治理中的正面积极新闻，还对负面消息予以曝光，形成舆论压力。这就会与政府及其相关部门和生态功能区治理相悖的行为主体形成冲突。

相关领域的专家学者。大、小兴安岭生态功能区的建设与治理离不开相关领域专家学者的推动。专家通过他们的理论研究和参与政治决策的实践活动，为大、小兴安岭生态功能区注入更大的活力，而大、小兴安岭生态功能区治理的重要意义也会为相关学者的理论研究提供价值和影响力。黑龙江省政协十届三次常委会议的主要议题是围绕大、小兴安岭生态功能区建设建言献策，省环境保护厅、省林业厅、省农委、省人口计生委、省水利厅、省林科院、东北林业大学等部门的负责人参加了此次会议，对于推动生态功能区建设具有积极意义。

生态功能区受益者及人类后代。"在大、小兴安岭林区，从幼树到成熟至少需要 40～100 年。"现在，商品材采伐的大多是中幼龄林，这些树木正处于生长旺盛期，其生态价值大于经济价值，建议国家全面停止大、小兴安岭商品材生产，让森林资源全面休养生息。每年只保留一定数量、旨在提高森林质量的抚育伐生产。对因停止商品材生产所造成的经济损失，国家应给予相应的补偿，以促进大、小兴安岭经济社会的可持续发展[1]。当代人的积极保护，保护了生态系统的生态服务功能，为后代留下和创造更美好的生态环境；反之，会导致严重的生态危机后果。

（二）"政府主导—利益相关者参与治理"的实现机制

建立政府主导—利益相关者决策机制。大、小兴安岭生态功能区的建设与治理涉及众多利益相关者的利益，应当建立起利益相关者广泛参与的决策机制，成立专门的生态功能区治理委员会，作为重要的决策机构，委员会成员由

---

[1] 兴安岭生态功能区建设急需国家支持——访全国人大代表宋希斌 [N]．中国绿色时报，2008-3-10．

多元的利益相关者代表构成，对于生态功能区治理发挥了重要作用。

建立政府主导—利益相关者管理机制。生态环境的治理是政府应尽的职责，但有效的治理也需要政府、社会、公众、企业乃至国际社会等的共同参与。政府应当确立多元主体共同治理理念，优化公共治理结构，通过调动一切可以调动的力量共同应对生态环境问题，实现政府治理效能的最大化。由于生态环境建设涉及面广，同时还关系到企业、公众的切身利益，鼓励和支持企业、民间团体和个人参与生态环境建设和生态经济建设，促进多元主体相互配合，整体协调。

（三）"政府主导—利益相关者参与治理"保障机制

深化行政体制改革，减轻企业负担。深化行政体制变革与制度创新有助于理顺多元利益纠结，最大限度地释放人的内在能动性。大、小兴安岭治理首先需要深入推行政企分开，让生态功能区企业减负。大、小兴安岭生态功能区实行"政企合一"的管理体制，林业企业始终承担着政府经费及社会性支出，企业负担沉重，严重地束缚了经济组织参与的治理积极性。希望国家能够通过对直接受益者征收生态补偿基金，或面向全社会开征生态税等方式，加大国家财政投入力度，每年拨付营造林专项资金，最大限度地恢复大、小兴安岭森林系统的生态功能。此外，还应将大、小兴安岭林区防火经费纳入中央财政预算，设立专项基金，确保森林资源安全。①

政策扶持与管理制度创新，建立生态功能区长效治理机制。深化林权制度改革，探索新的实施途径和利益实现方式，保障社区居民的利益，调动参与治理的积极性，形成利益相关者公共治理模式。综合利用国家支持生态功能保护区发展的有关政策，争取国家加大对生态功能区财政转移支付力度。落实好国家重点生态效益补偿基金制度，争取延长实施期限，提高财政补助资金标准，扩大补助范围。生态功能区公共治理关乎持续发展的长远利益和生态整体利益，这就势必与追求短期效益的经济增长行为相悖。一些企业和个人可能为了自身的眼前利益而转嫁破坏生态以及污染的成本，为了杜绝外部性行为，必须建立起生态功能区公共治理的长效机制。通过完善政策和法律体系，加快生态补偿机制的建设，依靠必要的优惠政策和奖惩制度，保持政策制定和实施具有

① 王胜男，焦玉海，贾达明.兴安岭生态功能区建设急需国家支持——访全国人大代表宋希斌［N］.中国绿色时报，2008-3-10.

一定的延续性，来保障生态功能区的长效治理。对大、小兴安岭生态功能区因加强生态环境保护造成的利益损失进行补偿，争取国家支持，探索建立生态环境补偿基金制度，实现经济发展和环境保护的良性互动。

加强利益相关者参与治理的教育。教育手段虽然是生态治理中间接的管理方式，但不可或缺。充分发挥各级政府在生态功能区建设中的组织协调、综合指导作用，提供良好的政策和公共服务环境。政府应当加强生态功能区治理的宣传教育工作，综合利用报纸、杂志、广播、电视、互联网等媒体宣传生态功能区治理的重要意义，并且主办生态功能区治理的专题展览会、报告会、问卷调查等，增强公众对于生态系统服务功能区的认识，政府应当成为生态功能区公共治理观念深入人心的推手。

搭建良好的沟通协调机制。为了调动公民社会的参与热情，政府有必要搭建良好的沟通与监督机制，确保公众在生态治理中的知情权、监督权、话语权，增强公众参与生态功能区治理的主人翁意识，自觉地转变生活方式和消费方式，减少对自然资源的破坏和索取行为，真正形成政府与社会共治的良好局面。

建立地方政府间横向合作机制，实现利益整合与共赢发展。随着环境和生态问题的日益复杂，跨区域性的生态问题不断凸显，政府在原有的行政区划方式下进行生态治理所存在的各种弊端也越来越明显，政府应当积极探索新的生态区域治理形式。大、小兴安岭生态功能区联结的同级地方政府之间要构建利益相关的协同治理机制，实现生态功能治理中的区域协同治理，谋求共同发展。

结 论

生态环境系统因其承载一定的生态系统服务功能，对于人类的生存与发展发挥着不可替代的重要作用。依托治理理论，综观中国生态环境治理现状、问题和原因，借鉴欧美发达国家的成功治理经验，通过理论与实证分析，笔者认为：

第一，生态环境治理，仅靠政府管制型治理难以实现生态环境根本改善和维护。政府管制使人们对于生态环境的治理和维护变得被动，忽视了社会公众内在的利益诉求，严重地抑制了公众参与生态治理的热情，使生态保护因丧失社会基础而流于形式。政府管制型治理模式及由此引发的市场失灵、社会失灵，是造成生态治理不力、生态系统服务功能继续恶化的重要根源。

第二，治理理论及其公共治理模式的成功应用，使我们认识到，选择生态公共治理模式是基于中国生态治理现实的理性反应，也是必然趋势和根本路径。国际上普遍采取的基于多中心、网络状、自组织公共治理为我们提供了某种启示；但是，由于中国社会仍处于转型期，转型期的公民社会发育不充分，加之缺乏社会参与传统和公共利益观念等现实因素限制，使得中国生态公共治理中直接应用西方国家生态环境公共治理还存在现实困难。中国生态治理的复杂性决定了简单套用公共治理注定要失败，改进和创建适宜中国治理现实的模式十分必要。

第三，利益相关者理论在公司治理中已成功应用，借鉴利益分析模型，分析中国生态治理中的利益相关者及其利益冲突，有助于中国生态治理问题的缓解。构建起"政府主导—利益相关者参与治理"模式，既是弥补生态治理政府管制型模式效率低下的有益措施，也是公共治理基于中国生态治理实际的延伸与发展。

我们只有一个地球，我们热爱我们共同的家园。我们愿意为了家园的存续与发展付出我们最虔诚的努力，我们应该这样做，也必须这样做，这是我们的使命，也是我们对于地球母亲的微薄的回报！

参考文献

[1] [美] 埃莉诺·奥斯特罗姆. 余逊达等译. 公共事务的治理之道：集体行动制度的演进 [M]. 上海：上海三联书店，2000.

[2] [古希腊] 亚里士多德. 吴寿彭译. 政治学 [M]. 北京：商务印书馆，1983.

[3] [英] 亚当·斯密. 郭大力，王亚南译. 国富论 [M]. 北京：商务印书馆，1972.

[4] [美] 奥尔森. 陈郁等译. 集体行动的逻辑 [M]. 上海：上海人民出版社，1995.

[5] [美] 约瑟夫·W. 韦斯. 符彩霞译. 商业伦理——利益相关者分析与问题管理方法（第3版）[M]. 北京：中国人民大学出版社，2005.

[6] [美] 曼昆. 梁小民译. 经济学原理 [M]. 北京：北京大学出版社，2001.

[7] [美] 简·莱恩. 赵成根等译. 新公共管理 [M]. 北京：中国青年出版社，2004.

[8] [法] 法约尔. 周安华等译. 工业管理与一般管理 [M]. 北京：中国社会科学出版社，1982.

[9] [美] 怀特. 刘世传译. 行政学概论 [M]. 北京：商务印书馆，1947.

[10] [美] 詹姆斯·Q. 威尔逊. 孙艳等译. 官僚机构——政府机构的作为及其原因 [M]. 北京：生活·读书·新知三联书店，2006.

[11] [美] 迈克尔·麦金尼斯. 毛寿龙译. 多中心体制与地方公共经济 [M]. 上海：上海三联书店，2000.

[12] [澳] 欧文·E. 休斯. 张成福等译. 公共管理导论（第三版）[M]. 北京：中国人民大学出版社，2007.

[13] [美] 尼古拉斯·亨利. 张昕译. 公共行政与公共事务（第八版）[M]. 北京：中国人民大学出版社，2002.

[14] [美] 乔治·弗雷德里克森. 张成福等译. 公共行政的精神 [M]. 北京：中国人民大学出版社，2003.

[15] [美] 珍妮特·V. 登哈特，罗伯特·B. 登哈特. 丁煌译. 新公共服务：服务，而不是掌舵 [M]. 北京：中国人民大学出版社，2004.

[16] [美] 文森特·奥斯特罗姆. 毛寿龙译. 美国公共行政的思想危机 [M]. 上海：上海三联书店，1999.

[17] [德] 哈贝马斯. 曹卫东等译. 公共领域的结构转型 [M]. 上海：学林出版社，1999.

[18] [英] 克里斯托弗·卢茨. 徐凯译. 西方环境运动：地方、国家和全球向度 [M]. 济

南：山东大学出版社，2005.

[19] [美] 詹姆斯·W. 费斯勒等. 陈振明等译. 行政过程中的政治——公共行政学新论 [M]. 北京：中国人民大学出版社，2002.

[20] [美] 戴维·奥斯本，特德·盖布勒. 周敦仁译. 改革政府——企业精神如何改革着公营部门 [M]. 上海：上海译文出版社，1996.

[21] [美] E. S. 萨瓦斯. 周志忍等译. 民营化与公私部门的伙伴关系 [M]. 北京：中国人民大学出版社，2002.

[22] [美] B. 盖伊·彼得斯. 吴爱明等译. 政府未来的治理模式 [M]. 北京：中国人民大学出版社，2001.

[23] [美] 罗伯特·阿格拉诺夫，迈克尔·麦圭尔. 李玲玲，鄞益奋译. 协作性公共管理：地方政府新战略 [M]. 北京：北京大学出版社，2007.

[24] [美] 斯蒂芬·戈德史密斯，威廉·D. 埃格斯. 孙迎春译. 网络化治理：公共部门的新形态 [M]. 北京：北京大学出版社，2008.

[25] [法] 皮埃尔·卡蓝默. 胡洪庆译. 心系国家改革——公共管理建构模式论 [M]. 上海：上海人民出版社，2004.

[26] [英] 安东尼·吉登斯. 孙相东译. 第三条道路及其批评 [M]. 北京：中共中央党校出版社，2002.

[27] [美] 埃莉诺·奥斯特罗姆. 陈幽泓译. 制度激励与可持续发展 [M]. 上海：上海三联书店，2000.

[28] [美] 迈克尔·麦金尼斯. 王文章，毛寿龙等译. 多中心治道与发展 [M]. 上海：上海三联书店，2000.

[29] [美] 迈克尔·麦金尼斯. 毛寿龙，李梅译. 多中心治理体制与地方公共经济 [M]. 上海：上海三联书店，2000.

[30] [美] B. 盖伊·彼得斯. 吴爱明，夏宏图译. 政府未来的治理模式 [M]. 北京：中国人民大学出版社，2001.

[31] [美] 詹姆斯·博曼. 黄相怀译. 公共协商：多元主义、复杂性与民主 [M]. 北京：中央编译出版社，2006.

[32] 麻宝斌. 公共利益与政府职能 [M]. 长春：吉林人民出版社，2003.

[33] 麻宝斌. 中国社会转型时期的群体性政治参与 [M]. 北京：中国社会科学出版社，2009.

[34] 陈振明. 政治学——概念、理论和方法 [M]. 北京：中国社会科学出版社，2004.

[35] 张康之. 社会治理的历史叙事 [M]. 北京：北京大学出版社，2006.

[36] 张康之. 寻找公共行政的伦理视角 [M]. 北京：中国人民大学出版社，2002.

[37] 张康之. 公共行政中的哲学与伦理 [M]. 北京：中国人民大学出版社，2004.

[38] 毛寿龙. 西方政府的治道变革 [M]. 北京：中国人民大学出版社，1998.

[39] 俞可平. 治理与善治 [C]. 北京：社会科学文献出版社，2000.

［40］俞可平．权力政治与公益政治［M］．北京：社会科学文献出版社，2003．

［41］孔繁斌．公共性的再生产——多中心治理的合作机制建构［M］．南京：江苏人民出版社，2008．

［42］杨冠琼．当代中国行政管理模式沿革研究［M］．北京：北京师范大学出版社，1999．

［43］颜廷锐．行政体制改革问题报告［M］．北京：中国发展出版社，2004．

［44］柯武刚，史漫飞．制度经济学——社会秩序与公共政策［M］．北京：商务印书馆，2000．

［45］杨瑞龙，周业安．企业的利益相关者理论及其应用［M］．北京：经济科学出版社，2000．

［46］任宝平．西部地区生态环境重建模式研究［M］．北京：人民出版社 2008．

［47］唐兴霖．公共行政学：历史与思想［M］．广州：中山大学出版社，2000．

［48］陈振明．公共管理学——一种不同于传统行政学的研究途径［M］．北京：中国人民大学出版社，2004．

［49］苏东．论管理理性的困境与启示［M］．北京：经济管理出版社，2000．

［50］孙柏瑛．当代地方治理［M］．北京：中国人民大学出版社，2004．

［51］谢庆奎．政治改革与政府创新［M］．北京：中信出版社，2003．

［52］刘靖华．政府创新［M］．北京：中国社会科学出版社，2002．

［53］高小平．政府生态管理［M］．北京：中国社会科学出版社，2007．

［54］甘峰．比较政府新论：生态政治学视野中的政府与治理［M］．上海：立信会计出版社，2007．

［55］高中华．环境问题抉择论——生态文明时代的理性思考［M］．北京：社会科学文献出版社，2004．

［56］杨东平．中国环境的危机与转机［M］．北京：社会科学文献出版社，2008．

［57］杨瑞龙，周业安．企业的利益相关者理论及其应用［M］．上海：三联出版社，2000．

［58］李维安．公司治理［M］．天津：南开大学出版社，2001．

［59］陈宏辉．利益相关者利益要求：理论与实证研究［M］．北京：经济出版社，2004．

［60］欧阳志云，郑华，高吉喜，黄宝荣．区域生态环境质量评价与生态功能区划［M］．北京：中国环境科学出版社，2009．

［61］吴继霞．当代环境管理的理念建构［M］．北京：中国人民大学出版社，2004．

［62］樊根耀．生态环境治理的制度分析［M］．杨凌：西北农林科技大学出版社，2003．

［63］柴中达．政府治理与公司治理相关性研究［M］．天津：天津人民出版社，2006．

［64］何增科．公民社会与第三部门［M］．北京：社会科学文献出版社，2000．

［65］张创新．中国当代政府管理模式与方法研究［M］．长春：吉林人民出版社，2006．

［66］［英］鲍勃·杰索普．漆芜译．治理的兴起及其失败的风险：以经济发展为例的论述［J］．国际社会科学杂志（中文版），1999（1）．

［67］［英］蒂姆·佛西．谢蕾摘译．合作型环境治理一种新模式［J］．国家行政学院学报，2004（3）．

［68］麻宝斌．公共利益与公共悖论［J］．江苏社会科学，2002（1）．

[69] 麻宝斌. 治道变革公共利益实现机制的根本转变 [J]. 吉林大学社会科学学报，2002（5）.

[70] 麻宝斌，戴昌桥. 中美两国地方治理模式比较 [J]. 吉林大学社会科学学报，2008（5）.

[71] 郭中伟，甘雅玲. 关于生态系统服务功能的几个科学问题 [J]. 生物多样性，2003（1）.

[72] 谭英俊. 公共事务合作治理模式反思与探索 [J]. 贵州社会科学，2009（3）.

[73] 王浦劬，李风华. 中国治理模式导言 [J]. 湖南师范大学社会科学学报，2005（5）.

[74] 夏光. 论环境治道变革 [J]. 中国人口·资源与环境，2002（1）.

[75] 林小龙. "单中心"公共事物治理之道的现代困境——广东省生态公益林补偿制度案例分析 [J]. 法制与社会，2007（10）.

[76] 任志宏，赵细康. 公共治理新模式与环境治理方式的创新 [J]. 学术研究，2006（9）.

[77] 李世源，刘伟. 对我国生态环境问题治理困境的政治学思考[J]. 天府新论，2007（6）.

[78] 李万新. 中国的环境监管与治理——理念、承诺、能力和赋权[J]. 公共行政评论，2008（5）.

[79] 肖建华，邓集文. 多中心合作治理：环境公共管理的发展方向[J]. 林业经济问题，2007（1）.

[80] 苏鹏. 西方利益相关者理论发展与评述 [J]. 当代经理人，2006（4）.

[81] 楚永生. 利益相关者理论最新发展理论综述 [J]. 聊城大学学报（社会科学版），2004（2）.

[82] 付俊文，赵红. 利益相关者理论综述 [J]. 首都经济贸易大学学报，2006（2）.

[83] 贾生华，陈宏辉. 利益相关者的界定方法述评 [J]. 外国经济与管理，2002（5）.

[84] 李维安，王世权. 利益相关者治理理论研究脉络及其进展探析[J]. 外国经济与管理，2007（4）.

[85] 郁建兴，刘大志. 治理理论的现代性与后现代性 [J]. 浙江大学学报（人文社科版），2003（2）.

[86] 李心合. 面向可持续发展的利益相关者管理 [J]. 当代财经，2001，（01）.

[87] 陈宏辉，贾生华. 企业利益相关者三维分类的实证分析 [J]. 经济研究，2004（04）.

[88] 刘利，干胜道. 利益相关者理论在我国的研究进展 [J]. 云南财经大学学报（社会科学版），2009（2）.

[89] 陈国权，李志伟. 从利益相关者的视角看政府绩效内涵与评估主体选择 [J]. 理论与改革，2005（3）.

[90] 张维，郭鲁芳. 旅游景区门票价格调整的经济学分析 [J]. 桂林旅游高等专科学校学报，2006（1）.

[91] 阎友兵，肖瑶. 旅游景区利益相关者共同治理的经济型治理模式研究 [J]. 社会科学家，2007（3）.

[92] 孙萍，耿国阶，张晓杰. 中国治理研究：引介、应用、反思与转化——本土化视角的文献回顾 [J]. 南京社会科学，2008（3）.

[93] 燕乃玲，虞孝感. 我国生态功能区划的目标、原则与体系 [J]. 长江流域资源与环境，2003（6）.

[94] 燕乃玲，虞孝感，高吉喜．我国西部地区两个重要生态功能保护区建设的要点分析[J]．生态学杂志，2004（1）．

[95] 南平，戴鑫，王海涛．重要生态功能区的绿色财富特征及政府管理对策研究 [J]．农业经济，2008（11）．

[96] 俞可平．中国治理变迁 30 年（1978—2008）[J]．吉林大学社会科学学报，2008（3）．

[97] 包晓斌，李周．我国水土流失综合防治的政策变迁与评价 [J]．中国水土保持科学，2008（2）．

[98] 李世源，刘伟．对我国生态环境问题治理困境的政治学思考[J]．天府新论，2007（6）．

[99] 晋海．走出环境治理的困境：我国公众参与机制的建构与运行保障 [J]．生态经济，2008（1）．

[100] 马爱霞．甘肃黄河上游主要生态功能区草原退化成因及治理对策浅析 [J]．草业与畜牧，2009（4）．

[101] 陈庆云．公共管理理论研究：概念、视角与模式 [J]．中国行政管理，2005（3）．

[102] 刘娴静．重构城市社区——以治理理论为分析范式 [J]．社会主义研究，2004（1）．

[103] 肖建华，邓集文．生态环境治理的困境及其克服 [J]．云南行政学院学报，2007（1）．

[104] 朱德米．网络状公共治理：合作与共治 [J]．华中师范大学学报（人文社会科学版），2004（2）．

[105] 马晓明，易志斌．网络治理：区域环境污染治理的路径选择[J]．南京社会科学，2009（7）．

[106] 鄞益奋．网络治理：公共管理的新框架 [J]．公共管理学报，2007（1）．

[107] 刘霞，向良云．网络治理结构：我国公共危机决策系统的现实选择 [J]．社会科学，2005（4）．

[108] 杨曼利．自主治理制度与西部生态环境治理 [J]．理论导刊，2006（4）．

[109] 钱振明．公共治理转型的全球分析 [J]．江苏行政学院学报，2009（1）．

[110] 石宏仁．生态系统管理在美国政界引发的争论及其在各州的实施情况 [J]．国土资源情报，2003（12）．

[111] 古晓丹．中美环境影响评价制度比较分析 [J]．法制与社会，2007（2）．

[112] 陶一舟，赵书彬．美国保护地体系研究 [J]．环境与可持续发展，2007（4）．

[113] 侯小伏．英国环境管理的公众参与及其对中国的启示 [J]．中国人口·资源与环境，2004（5）．

[114] 李现武．合理保护和开发自然资源，实现区域可持续发展——对英国、印度自然资源保护和开发考察的思考 [J]．世界环境，2003（11）．

[115] 魏磊．英国生态环境保护政策与启示 [J]．节能与环保，2008（12）．

[116] 李世东，陈幸良，李金华．世界重点生态工程的政策措施及其启示 [J]．南京林业大学学报（人文社会科学版），2003（1）．

[117] 朱红伟. 环境治理范式的演进与环境自觉行动 [J]. 重庆工商大学学报，2008 (1).

[118] 王浦劬，李风华. 中国治理模式导言 [J]. 湖南师范大学社会科学学报，2005 (5).

[119] 王身余. 从"影响""参与"到"共同治理"——利益相关者理论发展的历史跨越及其启示 [J]. 湘潭大学学报（社会科学版），2008 (6).

[120] 肖巍，钱箭星. 环境治理的两个维度 [J]. 上海社会科学院学术季刊，2001 (4).

[121] 宣琳琳，钟京涛，张志辉. 现阶段城市环境治理模式若干问题研究 [J]. 工业技术经济，2008 (5).

[122] 温东辉，陈吕军，张文心. 美国新环境政策模式：自愿性伙伴合作计划 [J]. 环境保护，2003 (7).

[123] 钟茂初. 从可持续发展角度对生态功能区与发达地区关系的思考——生态保护区的发展，谁来担其责 [J]. 生态经济，2005 (9).

[124] 张雅丽，黄建昌. 日本、新加坡生态环境政策对我国的启示[J].兰州学刊，2008 (2).

[125] 郭佩霞，胡晓春. 公共选择视野中的生态环境建设与治理 [J]. 云南财贸学院学报，2005 (6).

[126] 杨妍，孙涛. 跨区域环境治理与地方政府合作机制研究 [J]. 中国行政管理，2009 (1).

[127] 陈庆云. 公共管理基本模式初探 [J]. 中国行政管理，2000 (8).

[128] 郑恒峰. 我国政府公共服务供给机制创新研究——基于协同治理的视角 [J]. 辽宁行政学院学报，2009 (11).

[129] 黄爱宝. "生态型政府"初探 [J]. 南京社会科学，2006 (1).

[130] 李静，蒋丽蕊. 治理理论与我国地方政府治理模式初探 [J]. 辽宁行政学院学报，2006 (2).

[131] 周志忍. 公共悖论及其理论阐释 [J]. 政治学研究，1999 (2).

[132] 陈国权. 论政府的公共性及其实现 [J]. 浙江社会科学，2004 (4).

[133] 金太军，张劲松. 政府的自利性及其控制 [J]. 江海学刊，2002 (2).

[134] 李军鹏. 公共政府论 [J]. 学术研究，2001 (1).

[135] 周义程. 治理理论与我国第三部门的培育 [J]. 南京行政学院学报，2003 (3).

[136] 李水金. 公共事物治理的困境及其克服 [J]. 四川行政学院学报，2003 (6).

[137] 金太军. 第三部门与公共管理 [J]. 江苏社会科学，2002 (6).

[138] 杜群. 我国生态综合管理的政策与实践——生态功能区划制度探索 [A]. 环境法治与建设和谐社会——2007 年全国环境资源法学研讨会论文集 [C]. 2007.

[139] 饶胜，万军，张惠远. 关于开展国家级生态功能保护区建设的总体构想 [A]. 中国环境科学学会学术年会优秀论文集 [C]. 2006.

[140] 许莲英，罗吉，王小钢. 我国重点生态区保护立法问题探讨[A].林业、森林与野生动植物资源保护法制建设——2004 年中国环境资源法学研讨会（年会）论文集 [C].2004.

［141］吴晓青．落实国家生态环境保护战略的具体行动［N］．中国环境报，2007-12-10
（001）．

［142］陈丹镝．基于一个三维视角的医院治理模式研究［D］．四川大学经济学院，2006．

［143］孟燕华．中国生态公共治理的理念、制度与政策——以生态 NGO 为重点的分析［D］.
福建师范大学，2008．

［144］王库．中国政府生态治理模式研究——以长白山保护开发区为个案［D］．吉林大学
行政学院，2008．

［145］冉东亚．综合生态系统管理理论与实践——以中国西北地区土地退化防治为例［D］.
中国林业科学研究院，2005．

［146］姜恩来．退耕还林工程管理机制和管理模式研究［D］．北京林业大学，2004．

［147］刘凯．天然林保护工程的实施与利益相关者冲突研究［D］．北京林业大学，2009．

［148］顿曰霞．利益相关者共同治理模式研究［D］．青岛大学，2005．

［149］郭蕊．权责一致的行政学分析［D］．吉林大学行政学院，2009．

［150］《中华人民共和国宪法》（1982 年 12 月）．

［151］《中华人民共和国环境保护法》（1989 年 12 月）．

［152］《中华人民共和国水污染防治法》（1984 年 5 月）．

［153］《中华人民共和国土地管理法》（1986 年 6 月）．

［154］《中华人民共和国环境影响评价法》（2002 年 10 月）．

［155］《中华人民共和国节约能源法》（1997 年 11 月）．

［156］《中华人民共和国循环经济促进法》（2008 年 8 月）．

［157］《中华人民共和国可再生能源法》（2005 年 2 月）．

［158］《中华人民共和国水法》（2002 年 8 月）．

［159］《中华人民共和国水土保持法》（1991 年 6 月）．

［160］《中华人民共和国森林法》（1984 年 9 月）．

［161］《中华人民共和国草原法》（1985 年 6 月）．

［162］《中华人民共和国渔业法》（1986 年 1 月）．

［163］《中华人民共和国防沙治沙法》（2001 年 8 月）．

［164］《中华人民共和国野生动物保护法》（1988 年 11 月）．

［165］《全国生态功能区划纲要》．

［166］《国务院关于落实科学发展观加强环境保护的决定》．

［167］《中华人民共和国国民经济和社会发展"十一五"纲要》．

［168］《我国生态保护"十一五"规划》．

［169］《国家重点生态功能保护区规划纲要》．

［170］《全国生态脆弱区保护规划纲要》．

［171］Ophuls W. Leviathan or Oblivion. In Toward a Steady State Economy，ed. H E Daly. San Francisco: Freeman, 1973.

[172] Buchanan, JamesM. an economics theory of club [J]. Economica, 1965, 32.

[173] ClarkeT. (1998) . TheStakeholderCorporation: AbusinessPhilosophyfortheInformationAge. LongRangePlanning, 31 (2) .

[174] Freeman R E. Strategic Management: A Stakeholder Approach. Boston: Pitman, 1984.

[175] Freeman, R. E. , & Reed, D. L. , 1983, "Stockholders and Stakeholders: A New Perspective on Corporate Governance", CaliforniaManagement Review 25 (3) .

[176] Clarkson, M. , 1995, "A Stakeholder Framework for Analyzing and Evaluating Corporate Social Performance", Academy of ManagementReview 20 (1) .

[177] Mitchell, A. & Wood, D. , 1997, "Toward a Theory of Stakeholder Identification and Salience: Defining the Principle of Who and Whatreally Counts", Academy of Management Review 22 (4) .

[178] Wheeler D. & Maria S. , 1998, "Including the Stakeholders: the Business Case", Long Range Planning 31 (2) .

[179] Milton Friedman, The social Responsibility Of Business Is to Increase Its Profits [J]. New York Times Magazine, 1970 (9) .

[180] Louisiana Department of NaturalResources. Coast 2050: Toward aSustainable Coastal Louisiana [EB/OL] (1998) http: //www. lca. gov/final-report. aspx.

[181] Mississippi River Delta [EB/OL]. [2006-9-21]. http: //www. wikipedia. org. DICK DE BRUIN. Similaritiesand differences in the historicaldevelopment of flood management inthe alluvial stretches of the lowerMississippi basin and the Rhine basin. Irrigation and Drainage, 2006, 55 (S1) .

[182] Eckersley, R. , Liberal Democracy and the Rights of Nature: The Struggle for Inclusion, inMathews, F. , EcologyandDemocracy, GreatBritain: FRANKCASS&CO. LTD, 1996.

[183] Roderick Nash, and American Mind, Wilderness Yale University Press, 1982.

[184] Shankman, N. A. , 1999, "Reframing the Debate Between Agency and Stakeholder Theories of the Firm", Journal of Business Ethics 19 (4) .

[185] Smith, G. , Deliberative Democracy and the Environment, London and New York: Routledge, 2003.

[186] Tumer, Mark and Davld Hulme: Govemance, Administration and DeveloPment: Making the Satte Work, London: MacMillan press Ltd, 1997.